大阪ワイン物語

長谷川　幸治
Yukiharu Hasegawa

文芸社

はじめに

この物語に登場する甲州祝《いわい》村の二人の青年が、ワインを学ぶためフランスへ留学して約一四〇年になる。

社会情勢の激しい変革に翻弄されながらも、ワインは日本人にやっと受け入れられた。「なぜワインはすぐには日本人に受け入れられなかったのか?」。この答えを探してこのエッセイを書き始めた。

今では驚くほど日本中ワインブームだ。女子会ワインパーティーだのボジョレー・ヌーボーなどと騒々しい。

「ワインを飲む人は認知症になりにくい」という新聞記事を見つけた。一方「ビールや日本酒などを飲む人は飲まない人と比べ認知機能に差がなかった」という大阪大学の老年医学会での今年の報告。ワイン愛好家には嬉《うれ》しくなる情報だ。

しかし「ワインを飲む人は日本では特殊な階層の人ではないか?」という素朴な疑問がわく。「この論文は信憑性があるのか?」「ワインを飲めば認知症を防げるのか?」

昨年参加したアイスランドのレイキャビクで行われた北欧整形外科学会での特別講演でも、統計学者が投げかけた厳しい問いだ。「統計的手法で有意差があるということは意味があるのか?」は今年の科学雑誌『サイエンス』でも話題になった。結論は「統計はやはり重要だ」ということに決着した。

しかし研究する集団の選択の偏り《バイアス》の有無は、常に慎重な吟味が必要だ。

そもそも現代社会の複雑多岐にわたる問題の正解は一つではない。しかし日本人の思考特性は多様性が少ない。学校の制服で代表されるように、日本の一億人が画一的で規律正しく行動をすることが賞賛されてきた。その規範的行動をした一人が私だ。国際比較調査では、日本人の生産効率性が極めて低いと指摘されてから久しい。多様性のある発想の切り捨てと、男女不平等による長時間労働の結果だと私は思う。女性の社会進出も遅々として進まない。「多様性の芽を摘み取り、一つの正解だけを求める」という明治維新以降の高等教育制度が破綻している。


『大阪ワイン物語』は、私にとって二つの驚きから始まる。一つは大阪がかつて日本一のぶどう産地であったこと。もう一つは世界遺産の百舌鳥《もず》・古市《ふるいち》古墳群が近くにあることだ。しかし私とワインの接点は極めて狭かった。古墳とはさらに狭い。私は好奇心が強く、徹底的に究明しないと気が済まない性格だ。

「健康づくり教室」を通して地域住民を活性化する実践的研究を、大阪ワイン産地の柏原《かしわら》市の大学で四年前から開始した。この研究の一環として、地域活性化のために大阪ワインの紹介を書きたいという強い衝動にかられた。たまたまワインの修士論文を書いたUさんが、カタシモワイナリーの高井さんとの出会いを設定してくれたことから物語は始まる。

この本を出版する最大の意義は、第一章の「カタシモワイン祭り」に書いたように地域創生だ。幸いやっと私の構想する柏原イノベーション・プロジェクトの重要性を大学本部も気づいてくれたようだ。区長さんや住民ボランティアも私の企みに協力的だ。

私の個人的な体験と明治維新の歴史を通して、日本になかったワインがどのように導入され吸収・発展したか？「版籍奉還」が、殖産興業である「播州葡萄園《ばんしゅうぶどうえん》」や「札幌葡萄酒醸造所」のワイン造りにどのように影響したか？ の疑問から大阪ワインの成り立ちを探ってみた。

開国とともに西欧文明の科学や思想が怒涛《どとう》のように大量に流入してきた。その消化吸収は日本人の礎となった。ワインは荒れ地を開墾するために殖産興業政策で奨励された。

低温滅菌や手術の消毒法はパスツールの発明によることも、大阪ワインの成り立ちを調べていて初めて知った。私は歴史と地図オタクを自認している。そのため明治維新や幕末がワインに及ぼした影響を詳細に書いたので、歴史は少々くどくなった。

中国のアヘン戦争のように、「欧米列強から日本が侵略されなかった理由は何か？」。日本人は十九世紀初頭にはすでに西洋から科学技術や思想を取り入れて、模造するまでの高い技術水準に達していたからだと思う。その根拠は、ペリーが浦賀に来た前年の一八五二年には、佐賀藩が反射炉を使用して鉄製大砲を完成させていたことだ。

この物語では、スウェーデン留学と北海道八雲町の健康づくりの体験を通して、私の大阪ワインへの想いを伝えることにする。この物語を書いていて日本人の問題点に気づいた。それは多様性の欠如だ。

最後に、『大阪ワイン物語』を書くのに情熱的な助言と「おもろい人」との評価をしてくれた、この物語の主人公の一人、高井利洋《としひろ》さん、および大阪ワイナリー協会に最大のエールを送る。

二〇一九年　初冬

目次

第一章　カタシモワイン祭り

昨年と比べて簡素な案内のメールが届いた一昨年の十月初旬。「今年も参加します！」と軽い乗りで返事をしてしまった。

カタシモワイン祭りへ私の大学が参加するのは今年で二回目。全員で約四十名の参加予定。「地域イノベーション」のプログラムに大学が一体となっての地域創生は、大学の存亡をかけた最重要のテーマだ。したがって大学トップも率先して参加する。もちろんどこの大学もやっている。表面だけでなく「真心のこもった地域貢献の実践」が強く求められる。

私の研究しているテーマは「高齢者の運動機能の評価と運動機能向上プログラムの開発」と長ったらしい。具体的には、在宅の高齢者の運動機能の標準値を策定して、そのデータから寝たきりにならない介入方法を開発することだ。共同研究者の八田学長は、用事があって今年は不参加。代わって江端理事長が参加する。昨年は北大の同窓会で参加できなかったことをひどく悔しがっていた。本部長の奥田さんは、緑色のダウンジャケットを着た七歳になる孫の男の子と参加していた。

私は二十年前に「大腿骨近位部＝股の付け根の骨折」の発生には左右差があることを、日本で最初に発見した。この理由の意見を聞くために八田教授室を訪れた。当時八田さんは左右差の研究の権威で、名古屋大学の教授だった。骨折に左右差が起こる科学的証明はできていないが、「転倒した時に右側は手をついて防御ができるから、右には骨折が起こりにくい」と私は考えている。余談だが八田さんは、NHK総合テレビの人気バラエティー番組の「チコちゃんに叱られる」に「利き手」の話題で最近たびたび出演しているらしい。

前日の土曜の夜に、私の孫の五歳のコウちゃんを「ワイン祭りに遊びに行こう」と誘った。しかし明日のテレビで「仮面ライダーを見る」とあっさり拒絶された。子供にはワインに関心がないのは当然だ。修士論文で「大阪ワインのブランド化の研究」を書いた、ジーンズを穿《は》いたUさんも参加した。「右足の親趾《おやゆび》がズキズキ痛い。何とかなりません？」との彼の真剣な質問に「痛い注射をしよう」と答えた。意地悪は私の癖だ。診断名は痛風による関節炎。高尿酸で誘発される。一年半後にも発作で彼を診療所で診た時も、足の親趾が赤く二倍近く腫れていた。こんなに善良な患者さんへの悪い冗談はやめたいと思う。

今回、ワイナリーまでの道中で会話した麗しき三人の女性のことを紹介したい。三人の年齢は三十代ということにしておこう。彼女たちは、大学で私の研究費や旅費のことでお世話になる総務部所属。Nさんは生まれも育ちも生粋の柏原出身、Iさんは藤井寺出身、Fさんは奈良県五井堂出身。彼女たちによれば大和川付け替え工事をした郷土の偉人「中甚兵衛《なかじんべえ》」は小学生にも有名だと。さらにIさんは遣唐使の井真成《いのまなり》が難波津《なにわつ》（藤井寺）から出発したことが郷土の誇りだと言う。「なぜ内陸にある藤井寺から船が出発したのか？」

答えはすぐに判《わか》った。難波津が当時は港だったが、まもなく大和川の多量の堆積物によって港の機能をなくしたから。二〇〇四年に中国西安での井真成の墓誌発見を思い出した。その墓誌に「日本」という国名が史上初めて存在したことは、私にとって強い衝撃だった。それまでの記録には「日本」という文字は登場しなかった。彼は七一七年に唐に渡り三十六歳の若さで死去した。藤井寺市のマスコットは遣唐使姿の「まなり君」になっている。

カタシモワイン祭りは、大阪ワインの発祥地の一つの柏原市堅下地区で、十一月の第三日曜日に開催される。私が参加する理由は、ワインの歴史・河内の歴史を深く探求したいと考えたからだ。

私の悪い癖は、何事も徹底的に解明しないと気が済まないこと。生半可な知識は大嫌いだ。しかし現在は肝腎のワインの入り口までしか理解できていないし、将来もはなはだ怪しい。

私のワインの基礎知識は品種、産地、収穫年の順にラベルを見れば、体系立てて何とか理解できる程度だ。もちろん完璧には程遠い。二〇一八年十月三十日から国産ワインに対して新ルールが適用された。国産ぶどうのみを原料に、日本国内で製造された果実酒を「日本ワイン」と定義し、当該地で収穫したぶどうを八十五パーセント以上使用した場合、ラベルに品種、産地、収穫年などの表示が可能となった。やっと日本でのワインの定義の無法がなくなった。日本とヨーロッパ間の酒税も二〇一九年二月からゼロとなった。日本ワインの存亡にかかわる重大な改革だ。今まで以上に品質・価格での国際的に熾烈《しれつ》な戦いが予測される。大阪ワインにとっても正念場となる。

ワインは旧世界と新世界のワインに大別される。前者の代表のフランス産では生産者名、ワイン名、収穫年、容量、アルコール度数、生産者元詰めなどが記載されている。後者のアメリカやチリなどの新世界産のワインは、前述の内容に加えてぶどうの品種も記載されている。ワインのラベルで最初に注目するのはぶどうの「品種」。これを知るためにはワインを試飲する必要がある。次には「産地」をチェック。同じ品種でも生産地や生産者によって風味が大きく異なる。そして「収穫年」もぶどうの出来・不出来によっても異なる。収穫年とは「ビンテージ」とのことで、同じ生産地・生産者でも年によってワインの仕上がりは大きく異なる。私が好きな「マスカット・ベリーA」は国産だ。実をいうと好きというより、ワインの評価基準を私自身に構築するために「マスカット・ベリーA」を中心に試飲しているだけだ。ワインの試飲は大量にできないし、経験数も少ないのでビンテージ（収穫年）による差までは検証できていない。しかし、この物語を書き終わるまでには、ある一定のレベルには達していたいと願う。

今年で医学部を卒業して四十年となった私は、「嗜好に必須の味覚や嗅覚が完成された思春期以降は、特に高齢者にはワインの醸し出す感覚分野を大脳皮質に新たに十分な領域として開拓するには遅すぎる」と、自分の未熟を正当化している。だが「食は文化」そのものだという基本理念は理解している。ワインを嗜《たしな》むヨーロッパの長い文化や歴史を知らずして理解できないことも多い。そこで、西欧文明や思想が怒涛のように押し寄せた明治維新を経た大阪ワインの歴史を書くことにする。

明治初期には、札幌に同時期にワインとビールの官製醸造所が出来たことは後で詳しく書く。ワインと違ってビールはすぐに日本人に受け入れられた。サッポロビールは瓶ビールでも缶ビールでも、ラベルの赤い星の下に一八七六年の創立年が誇らしげに書いてある。全く同じ年に、この物語の主題であるワインを醸造する「札幌葡萄酒醸造所」も造られた。しかし、最近までその醸造所の存在さえ忘れ去られていた。後で書く「播州葡萄園」と同じ運命だった。この悲しい二つの歴史を知ると、「日本で当たり前に美味《おい》しいワインを飲むことができるようになったのは、わずか四十年足らず」ということに気づく。美味しいワインが当たり前に飲めるようになるまでの歴史は、先人たちの情熱とたゆまざる努力の賜物であることに深く感謝する。

私が初めてワインを飲んだのは研修医の同僚たちと。ローマでのことだ。四十年も前の話。ローマ、ロンドン、パリ、マドリード、スイス、アテネのヨーロッパ六か国を周遊する旅行に出かけた一九七九年三月末。十日間の日程で旅費は約三十五万円。当時はユーロではなく各国ごとの通貨に両替が必要だった。当時は一ドルが約二四〇円。ローマのスペイン広場の近くの売店で、一本五〇〇円もしない赤ワインを買ってホテルの部屋で飲んだ。「渋くて苦かった」ことぐらいしか思い出せない。

ワイン祭り会場までの郷土史を巡る旅に話は戻る。行程は高井田洞窟と市立歴史資料館を見学して、ぶどう棚の小道を通る約八キロメートルの距離だ。私の歩幅の約八十センチメートルだと一万歩のコースで、ゆっくり歩いても二時間半で十分だ。

高齢者の運動機能の研究で残ったオムロンの万歩計を私自身は着けている。着け忘れた時は一日中不機嫌になるほど歩数にハマっている。大阪と名古屋の新幹線通勤で毎日約一万五〇〇〇歩も歩く私にとって、八キロメートルは余裕の歩数だ。ただし大阪まで通勤しない二日は七〇〇〇歩にも達しない。元来医師という仕事は力仕事ではないし、動き回ることもない。だが私は整形外科医。特に股関節専門で、ハンマーやノコギリを使う大工仕事だ。もちろんこの仕事では筋量は増加しない。筋肉量をイン・ボディという装置で測ると、私の筋量は下肢では一〇〇パーセントだが、上肢は九十五パーセントとやや少ない。タンパク質を食べても、適切な負荷がないと筋肉は維持・増加しないが、おなかだけはポッコリしてくる。

「人は何か特別なこと」を計画しない限り、私も含めた一般高齢者には一日六〇〇〇歩も歩くことは達成不能だ。パジャマを着て家で一日中ゴロゴロしていると、歩数は一〇〇〇歩にさえならない。毎日どこか出かけたくなる場所や参加できる魅力的なイベントが必要だ。もちろんご褒美があればもっと良い。ダラダラと一日を過ごさないで、積極的に一日の計画を立てることは活動量を増す。理論的には有酸素運動により、脳の血流を増加させて記憶を司る海馬の萎縮を防ぐことができる。もちろんそんなには単純な話でもない。

再度カタシモワイン祭りに戻る。

一昨年は柏原の常識「大和川付け替え工事」も知らなかった。そのため行程の最後まで緊張の連続。昨年は柏原の歴史の知識が増えて余裕だった。大和川付け替え工事による旧河川は農地になり、綿花が栽培され江戸幕府の安定した収入源となった。これが江戸時代に河内木綿として有名となった。ところが明治になると河内木綿は二つの理由、つまり繊維長が短くて機械による紡織に不適なことと、海外からの安価な綿花の輸入によって衰退した。海外とはアメリカ、インド、そしてブラジルだ。河内の綿花畑はぶどう畑に変わった。

江戸時代に広く行われた利根川や信濃川などの付け替えは、治水事業、新田開発、水上交通などが目的だった。しかし、これらの流域では何度も氾濫を繰り返したために再工事が必要な大事業だった。

これに比べて大和川付け替え工事はその後の改修も少なく、ハッピー・ストーリーになった。

難工事の例として信濃川の上流の長野県の千曲川がある。過去には洪水による甚大な被害があり、現在でさえ治水ダムなどの建設の是非が論議されている。そもそも日本の河川は世界の河川と比べ源流から河口までの距離が極端に短く、勾配も急だ。理論上も大量な降雨があれば氾濫するのは自然の摂理だ。

一昨年度のカタシモワイン祭りへの行程は、以下のとおり。

近鉄安堂駅を降りてまっすぐ横断歩道を渡った歩道の右側に、大和川を西へ付け替え工事を行った中甚兵衛の銅像が見える。高さ一メートル余りの像は大和川を指さしている。右側に曲がって階段を下りると大和川の流れの付け替え場所を通過する。次いで柏原の船着き場へ行った。川幅は二メートルほどしかなく、長さ約三メートルの小さな舟では大量の産物や人を運ぶことは無理だ。積載制限はせいぜい数百キログラムだろう。流れに沿って下りは良いが、上流へ戻るには荷車が必要だったと思う。明治になって大阪にも鉄道が敷かれると、物流は劇的に変化した。舟による荷物の運搬は壊滅した。小舟を何隻も所有していたという豪商の古民家「三田家」と「寺田家」があった。柏原市の古民家の狭い室内は観光客で満ち溢《あふ》れていた。

さて、この『大阪ワイン物語』の主人公の一人の登場。会社の正式名は「カタシモワインフード株式会社」で、創業者三代目の代表取締役の高井利洋さんだ。彼との面会は一昨年の十一月二十四日に、前述のワイン修士のUさんの尽力で叶った。私が担当するリハビリテーションの講義が終了する七月末に面会を計画していたが、高井さんがカタシモワイン祭りの準備や、ぶどうの収穫で多忙という理由で随分遅くなった。

カタシモワインフード株式会社へは、近鉄河内国分駅から右に向かい、突き当たりを右折した後に左折。大和川の橋を渡って左折して国道二十五号線をまっすぐ。市役所を過ぎた信号を右折して右の細い道を入った所だ。周辺には狭い道を挟んで古民家がある。この古民家がカタシモワインフード本社。駐車場から階段を上がって右へ行くと事務所。階段をまっすぐ行くと古いワインの道具を収めた展示館がある。今年になって展示館でカフェも始まり、予約すればワインパーティーやセレモニーも可能だ。ぶどうの圧搾機などの器具が奥のほうにあり、大阪ワインの功労者のセピア色の写真が壁に飾られてレトロの雰囲気だ。

直径一メートルの丸テーブルが置いてある本社の古民家の和室の応接室に案内された。簡単な自己紹介をした後、『大阪ワイン物語』を書きたいと話を切り出した。会社名が橙《だいだい》色のローマ字で小さく胸元に書かれたコバルト・ブルーの作業服を着た彼は、この時私と同じ昭和二十六年生まれで六十六歳だった。身長は私より高い。痩せ型で、ワイナリー経営者というよりは技術者の風貌だ。昼間に畑に出ることが多いせいか顔は浅黒い。眼鏡をかけていて、眼差しは鋭いが優しい。しかしぶどうのことやワインのことを話すときは、口元が引き締まって精悍で情熱的な顔つきに変わった。顔の表情から、だんだん興奮してきたことがすぐ読み取れる。

名刺代わりに私の著書『よくわかる股関節の病気』（名古屋大学出版会）とスウェーデンのルンド大学名誉博士号授与式の紀行文を渡した。スウェーデンで東洋人初の名誉医学博士号が二〇一六年五月末に私に授与された。驚いたことは、名誉医学博士号は正確には授与ではない。正式には「任命される」もの、つまりルンド大学からアポイントされた。私が名誉博士に任命された理由は二つある。「スウェーデンと名古屋大学の医学交流に三十年間継続的に貢献した」ことと、「股関節の病気に対するルンド大学との共同研究」だ。股関節の骨切り手術習得のために、ケステリス先生が私のもとに四か月間留学してきた。

名誉医学博士号が与えられたのはハンスのおかげだ。彼の本名はハンス・ビングストランド。ルンド大学留学時から三十四年後の今でも、彼と彼の妻インガ、娘のマリアには家族ぐるみでお世話になっている。家族連れでの交流は五回になる。昨年六月のアイスランドでの学会でも、ホテル宿泊やバンケットもハンスが予約してくれた。しかも私の支払いは全くなしだった。というのは、後で書く日本での滞在へのお礼だった。次回は私が彼らの滞在費を負担する番になる。

ヨーロッパは五月末から六月は素晴らしい季節だ。光溢れる青空が美しい。気温は二十度を越える。しかし二十五度にはならない。紀元八〇〇年創立の二本の尖塔があるゴシック様式の荘厳なルンドの大聖堂で名誉博士号の授与式は行われた。この地はスコーネと呼ばれる豊かな穀倉地帯で、大聖堂が建てられた時はデンマーク領だった。ちなみにスコーネの旗はデンマーク国旗の赤に白十字が、黄十字になっている。聖堂の中には直径三メートルもの巨大な太陰暦の時計がある。定時には、楽器を持ったからくり人形が出てきて時を知らせる仕組みになっている。留学時に大聖堂には週末には妻と二人の娘と散歩に何度も来た。名誉博士授与式に四時間もかかった。板張りの座椅子がすこぶる固い。おまけに狭くて窮屈だ。ハンスが言ったとおり尻が痛くなった。

高井さんとの初めての面会後も、ぶどうの資料を借りに会社へ数度お邪魔した。この時も彼の表情からは「口だけ」で、「ワインの歴史など書けない」と私には見えた。彼のワイナリーには風変わりな連中がいた。たとえば東京のジャーナリストや近畿大学原子力研究所の教授たちも頻回に出入りしているらしく、私にも彼らを親切に紹介してくれた。大阪ワインの歴史を研究する「おもろい」人だと会うたびに言った。そのたびに私はドッキリしながら、半分以上お世辞と受け流した。

大阪では「おもろい」は極めて「肯定的な評価だ」という説明を何度か聞いたが、名古屋人の私には「変な・偏屈な」意味に聞こえる。軽薄や侮蔑にしか響かない。彼は、私に負けずかなりのお喋《しゃべ》りだ。ワインのことになると熱っぽくなって話が止まらなくなる。高井さんは口癖の「結局のところは」を頻発した。

初対面ですぐに大阪のワイナリーの間をつなぐ「大阪ワイン街道」を創ろうと意気投合。「ワイン街道」は、まだ空想の街道だ。このワイン街道は、柏原市のカタシモワイナリーから羽曳野市の河内ワイン、飛鳥ワインと仲村わいん工房、できればチョーヤを結ぶ約六キロメートルの距離としよう。まず街道に花をいっぱい植えよう。それに毎年のイベントをワイナリー各社と地域住民・大学で企画しよう。イベントにワインは直接関係がなくても良い。たとえばウォーキングで良い。もちろんノルディック・ウォーキングでも良い。人が元気になる方法なら何でも歓迎だ。なるべく早く「大阪ワイン街道」を具体化したいと思う。これには大阪ワイン協会とのコラボが必要となる。

今回の訪問のお土産に、ワイン修士のUさんと私は一本ずつ白ワインをもらった。修士論文のため何度か訪問したUさんは、「お土産のサービスは初めて」と言った。カタシモワイナリーの入り口の左側の土間の壁には、明治初期の柏原のぶどうの手入れと収穫している畳半畳より小さいサイズの絵の模写が掛けてある。この図絵の詳細については後で紹介する。

帰る前に、高井さんから大阪ワインの歴史的背景を研究するために柏原ワインの資料を二冊借りた。ワイン修士のUさんからもワインの本を二冊借りた。彼の家にはさぞ膨大な読み込んだ文献が残っていると期待していたが、残念ながら学位が済んだのですでに大半は処分したとのこと。後で詳しく聞くと資料のリストをくれた。私は三十四年前に医学博士を授与された「骨シンチグラムによる股関節疾患の定量的評価」のデータの一部を、今でも大切に実家に保管している。カタシモワインの歴史の詳細については「大阪ワイン物語」のところで述べる。

柏原市に来て二つの驚きがあった。二つとも大きな驚きだ。

はじめの驚きはすでに書いているが、大阪府がかつて「日本一のぶどう生産地」であったこと。もう一つは三世紀から六世紀の「古墳」がゴロゴロとあることだ。

今では建物が立っていて車窓からはぶどう畑は観察できないし、古墳も発掘後に埋め戻されてわからない。古墳の観察は、気球に乗っての観察がいいかも知れないと思う。私の大学の西側通用門口の大学構内でも遺構が発掘された。「近《ちか》つ飛鳥原山遺跡」の遺構の色褪《あ》せた写真の掲示がある。立ち止まって写真を見る人は私ぐらいだ。この写真の下には昭和五十八年十月に、新校舎を建てる時に発掘が行われた記事がある。柏原市は百舌鳥・古市古墳群のある堺市や藤井寺市、そして奈良とも近い古墳文化の通路に位置している。

今年、四十九の古墳群が世界遺産に登録された。難波京をはじめ大阪の地は奈良から離れた所で文化が異なると考えがちだ。私が気づいたことは、「古墳の分布から奈良・飛鳥と摂津・河内は一体で古代文化圏を形成していた」と考えると都合が良いことだ。

私の未熟な推察は、次に紹介する本を読んでみればかなり的を射ていた。「河内王朝」なる覇権を持っていた勢力が河内に存在したとする説がある。驚いたことに、一九一九年の誕生で、今年百歳で亡くなった大阪市立大学名誉教授の直木孝次郎さんが、「河内の豪族が奈良を支配した説」を唱えていた。河内王朝論を書いた直木さんの十巻もの大著がある。時間を見つけてこの本を読破して古代史のロマンを楽しみたい。

奈良という文化中心地域の通路・出入り口として河内は存在した。そのために現在の柏原市の地域に多数の古代文明の遺跡を発見できる。

五島列島や長崎の「隠れキリシタンの遺跡」の世界遺産への登録が勧告された昨年の七月に、私は遠藤周作の『沈黙』の単行本を探しに名古屋大学病院の近くにあるＪＲ鶴舞駅の古本屋へ行った。

かつて私は『沈黙』の初版本を買った。しかし引っ越しの時に古本屋へ売ってしまった。驚いたことに、偶然に山積みの本の中に『再検討「河内王朝」論』（六興出版、一九八八年）を発見した。私が疑問に思った「なぜこんなに多くの古墳、特に前方後円墳が羽曳野、藤井寺、松原三市周辺に集積しているのか？」の答えがマニアックに書いてある。

この古墳が多い理由は、この本によれば二つの考え方がある。一つは政治の中心はあくまで大和で、百舌鳥・古市などへは単に墓域を移したという考え方。もう一つは、河内の在地の権力が大王権を握ったとする考え方の「河内王朝論」だ。生意気ながら大和朝廷の成り立ちから、私は前者の説に賛同する。つまり墳墓は大和から少し離れた百舌鳥・古市に造ったと考えたほうが合理的だ。

私が生まれた愛知県尾張地区は、古墳とは全く関係がないと考えていた。しかし大間違いだった。私が単に無知なだけだ。名古屋市博物館の常設展示には、六世紀後半に名古屋熱田台地にも断夫山古墳、大須二子山古墳、白鳥古墳と三代続けて大型前方後円墳があることが展示してある。これらの古墳は、南北に細長く突き出す半島地形だった熱田台地の崖線上に立地していた。

古墳群は伊勢湾に向けて造られていた。大阪上本町台地と同じ古墳群の配置だ。しかも中でも断夫山古墳は、墳丘長一五一メートルもあり、全国でも継体天皇陵とされる今城塚古墳に次いで大きさが第二位とは。私の日本史の成績は満点だったのに。しかも大きさは違うが、古墳の形はピッタリと相似形だ。コピー機も土木機械もない時代に、正確に相似形の古墳を作る技術に感服する。

この一致から、埋葬されたのは継体天皇の第一妃または父と推定されている。六世紀には、奈良や大阪の古墳から尾張の古墳に影響を及ぼす有力な士族、海の王が尾張にも存在した。こんなことを話してくれる高校教師がいたら「歴史を誰もが好き」になると思う。

百舌鳥・古市古墳に戻ると、これらの古墳も奈良より西の海に面した所に造営された。

燃費の悪いボルボV70で四年前に私が柏原市の大学を下見に来た帰り、近鉄河内国分駅前から藤井寺インターチェンジに向かう道路の途中の左側に、明らかに古墳と判る森になった丘陵がいくつも見えた。丘陵の形からは古墳とすぐ解《わか》り嬉しくなった。その一つは古市古墳群の五世紀初頭の誉田御廟山古墳（応神天皇陵）だ。車の窓からは前方後円墳なのかは判らないが、確認しようとすれば交通事故に遭う。助手席の妻が、わき見運転している私に「やめてよ！　まっすぐ前を見て」と叫んだ。

当時は古墳の造られた場所は海岸線に沿った台地で、多数の埴輪《はにわ》が配置され、西の海から台地を見上げる古墳は絶大な権力を示す神々しい建造物だった。古墳の体積や広さから、造営に必要な人数や年月はエジプトのピラミッドに匹敵する規模だったと考えられる。豪族や有力者の古墳造営には莫大な費用・労働が必要であり、多数の年月を要した。

さらに『再検討「河内王朝」論』の中で発見したのは、五世紀に南河内を中心として難波周辺の大王直属の伴造《とものみやつこ》という職務を司る家柄の大伴氏、物部氏、中臣氏、そのほか土師《はじ》氏などの本拠地が分布していたことだ。私は彼らがすべて奈良に住んでいたと思い込んでいた。そうなると七世紀後半に建立された柏原市にある巨大な智識寺《ちしきじ》（河内六寺の一つ）は、これらの士族の末裔《まつえい》によって造営された可能性もある。これは「間違っているかもしれない」私の説だ。

聖武天皇が智識寺を見て、七四〇年に東大寺盧舎那仏《るしゃなぶつ》像を建立しようと考えた。この時期に「天皇家と同等かそれをしのぐ大伽藍を造営できた部族」は誰だったのだろうか？　しかも仏教を信仰していた一族は、教科書では蘇我氏だけではなかったことになる。

私には、ニュースなどで事件や事故が起こった国内外の住所を地図帳で調べて確認しないと済まない癖がある。しかも高校で使われている最新版の帝国書院発行地図帳（二〇一八年）を毎晩枕元に置いて寝ることもある。最近は布団に入ると五分もたたないうちに熟睡。なぜこんなに地図オタクになったのかを考察した。

「兼高かおる世界の旅」が一九五九年から約三十年間もテレビで放送されていたことも一つの原因だと思う。番組で外国旅行を見聞きすることが、私には鮮烈だった。

当時は家にテレビがなかったので、何歳から番組を見ていたかは定かではないが。兼高さんはニューヨーク州立大学を卒業して、一九五八年にスカンジナビア航空（SAS）が主催した「世界早回り」で七十三時間九分三十五秒の新記録を達成。現在なら最速二十四時間以内に世界一周が可能かもしれないと思ってしまう。しかし無理だ。赤道の地球一周は四万キロメートルもある。計算では給油しないで時速一〇〇〇キロメートルで飛行しても四十時間もかかる。

約一四〇年前にはフランスのワイン研修のために祝村の二人の青年が、後に明治政府の殖産興業を推進した前田正名《まさな》と横浜から船で出航し、フランスのマルセーユに到達するまで約四十五日もかかった。しかも船旅は難破の可能性もある命がけの旅だった。兼高さんが「世界早回り」に挑戦した航空会社がSASなのも嬉しい。七十年前には航空機の性能も劣り、かつ交通網が未発達の中で、未知の世界を旅してみたいという彼女の挑戦に共感するとともに尊敬する。二〇一九年正月になって兼高さんの訃報が届いた。享年九十歳。

ここで大阪の話に戻そう。「なぜ大阪がかつて日本一のぶどうの産地でありえたのか?」という驚きと疑問が、地理と歴史マニアの私の心の中に浮かび上がった。大阪の「ぶどうの歴史・ワインの歴史」を徹底的に探求したいという欲望が強烈に湧いてきた。

英文の科学論文の発表数が二〇一九年末で約一八〇編になった私にとって、資料収集や統計・解析は得意なので、科学的に物事を書き上げることは困難ではない。しかし歴史は医学と違って、文献や資料の質や時代やレベルが不揃いで、信憑性が低いものもあり、資料も最新のものだけではないので、すべてを自分で見聞して収集することは困難なことが気になる。達筆な古文書は、読もうとする気力がないと解読さえできない。

この物語を書き始めて、絵画は文章に勝るドキュメントであることに気づいた。特に見たことがないものを説明する絵画は、文章よりも詳細を表現できる。絵画は「眺める」ものでなく「読み取る」ものなのだ。具体的な絵画の見方の発見は当該部で説明する。この物語にはできるだけ多くの文献や書物、または話からの情報を参照して資料を統合することで、信憑性が低下する懸念を払拭したい。

話をカタシモワイン祭りに戻す。

今日の集合場所がJR高井田駅であることを新幹線の中で気づいた。危うく昨年の集合場所の近鉄安堂駅に行くところだった。

高井田駅と大学との距離は、近いとはいえ私の健脚でも三十分はかかる。大学からの参加者は昨年とほぼ同じ四十名。九時二十分集合なので名古屋から新幹線通勤の私は、午前七時六分名古屋始発ののぞみ博多行きに乗った。時間は余裕がある。

その朝は十一月としては今年一番の寒気団が日本列島を覆っていた。北海道や青森ではまとまった降雪があるとの予報になっている。大阪の最高気温は六度。十二月下旬並みの寒さだ。幸い天気予報は快晴。ジャケットの上にコート、マフラーとユニクロのヒートテック下着という完璧な防寒装備で出発した。

地下鉄の駅に行くまでに冷たい空気に触れて顔が痛くなった。東の空を覆う薄い雲を太陽が照らすので、バックライトのように空は明るい。その上方にやや分厚い灰色の雲が空全体を覆っていた。家から地下鉄駅までわずか四分間なので、手袋がなくても寒さで手が、かじかむことはない。

名古屋駅の新幹線の構内は日曜日の朝七時だというのに意外にも人が溢れていた。私は週日とは違って日曜日の早朝にはゆっくり行動する習性なので、この朝の日本人の活動性には感動した。新大阪駅で関空行き「特急はるか」に乗り換え、天王寺を経由してJR大和線の高井田駅に九時に到着した。高井田駅では係の人に出席の確認を受けた。

駅の階段を下りて北側にある高井田横穴公園へ。白地に黒で「史跡高井田横穴公園」と書かれた三メートルの高さの看板の下へ集合。その看板の前には、テラスは白で壁はレンガ色の新築の五階建てマンションが建っていた。

以前はこの公園に案内なしで来たので、公園入り口にある横穴洞窟の入り口が檻《おり》で塞がれていて中が観察できず、どのような意味があるのか解らなかった。今回は案内板を読む時間もある。またサーモンピンクのウィンドブレーカーを着た「柏原おいなーれの会」のボランティア五名がグループを三班に分けて案内してくれたので、歴史の学習には最高だ。

しかし三班のグループは、最後には昨年同様にバラバラになってしまった。ボランティア代表は昨年も案内してくれたAさんだった。高井戸横穴公園の入り口から緩い坂を二十メートルほど上った。大学の理事長の江端さんは短い挨拶の後、「先月の二上《にじょうざん》山登山に比べたら緩い坂です」と元気良く先頭で歩いていた。二上山は、私の大学で毎年登山イベントをする奈良県葛城市と大阪府南河内郡太子町にまたがる標高五一七メートルの山だ。一昨年に那覇の沖縄県立博物館での台湾などの南方からの文化伝来の展示会で、この二上山の石器が展示されていたことに驚いた。

坂を上がって行くと右側に大県廃寺（大里寺）の礎石がほかの場所から移されて並んでいた。『続《しょく》日本紀《にほんぎ》』で、七五六年に孝謙天皇らが巡拝した河内六寺（生駒山地山麓に沿って南北にほぼ一直線に並んだ平野廃寺〈三宅寺跡〉、大県廃寺〈大里寺跡〉、大県南廃寺〈山下寺跡〉、大平寺廃寺〈智識寺跡〉、安堂廃寺〈家原寺跡〉、高井田廃寺〈鳥坂寺跡〉）の一つが大里寺に当たると考えられている。東大寺盧舎那仏像立の機縁となった立派な盧舎那仏が智識寺にはあった。これらの寺が南北に直線的に並んでいる理由は、当時の海岸線が南北方向のこのあたりにあったからと古地図から推定できる。

後で訪れる歴史資料館に「大里寺」と書かれた陶器が陳列されている。これらの寺の歴史は『河内六寺の輝き』という柏原市立歴史資料館二〇〇七年発行の小冊子に、出土品などを中心に網羅されている。

私の興味は「なぜこの河内に多数の立派な寺院が築かれたのか？　築いたのは誰か？」である。仏教伝来は西暦五三八年とされるが、「この時代に権力と財力を持っていたのは誰か？」。仏教を信じたのは蘇我氏を中心とした勢力だけではなかったのだろうか？　最古の仏像が蘇我氏ゆかりの飛鳥寺に現存している。まだ長女が生まれていない時期、確か三十七年前に私は妻と明日香村の石舞台と飛鳥寺を訪ねた。季節は定かではない。飛鳥寺の仏像は素朴で大陸的だ。顔の表情が厳しい。広隆寺の弥勒菩薩の慈悲に満ちた柔和な顔立ちとは対照的だ。

高井田横穴は、岩盤に掘り込んだ洞窟を渡来人が墓としたものであると資料館の学芸員が説明してくれた。六世紀半ばから七世紀初めにかけて造られたもので、有力な氏族の墓地であったらしい。横穴群は東北から九州にみられるが、近畿では少なく大阪ではこの柏原のみとのことだ。柏原市にはこのほかに安福寺横穴群、玉手山東横穴群、平尾山古墳群大平寺支群の四か所もある。このうち高井田横穴群は一六二基も確認されている。

私の疑問は「なぜ墓が生駒山系西側のこの地なのだろうか」、「朝鮮半島からの渡来人の墓とされているが、同様なものが朝鮮でも発見されているのだろうか？」だ。多数の難民が出る原因は戦争だ。直観的に「白村江の戦い」で敗れた、または戦い前に朝鮮半島から避難してきた渡来人の墓なのかもしれないとも想った。しかし「白村江の戦い」では時代が合わないと、歴史資料館の学芸員に即座に否定された。河内王朝論の本を読んだ時から、伴造《とものみやつこ》の末裔が造った可能性があるとも思った。高井田横穴と古市古墳群や玉手山古墳群との関係は判らない。

答えとなる地理の特徴を裏付ける古地図をずっと探し求めていたが、『ブラタモリ』（ＮＨＫ出版）の大阪城の成り立ちの地図から、ついに答えを発見した。約五五〇〇年前の大阪市街地はほとんどが海の底で、陸地は上町あたりが南北に向かって剣のような半島（現在の上町台地）が突き出ていて、八尾・羽曳野あたりまでは海岸線だった。ブラタモリによれば、「あべのハルカスの展望台からは大阪の地図上の高低が解る」と書いてあるが、まだあべのハルカスからは高低差は確認していない。

天王寺駅の交差点から北への道路を、標高を意識して見ると五〇〇メートル先は低くなっていて、車のライトが上を向いているので手前が高いことが明瞭に判る。もちろん現在のＪＲ大阪駅は、当時は海中だった。当時の海岸線に沿って湊《みなと》、墓、寺は造られた。河内六寺の所在地や遣唐使の井真成《いのまなり》が難波津（藤井寺）から出発した訳は、この古地図を見れば容易に理解できる。これ以降は大阪平野の古地図は至る所で発見できた。

「新しい古地図」は柏原市立歴史資料館の展示でも見つけた。今から約二〇〇〇年前には大阪湾が広く堆積層に埋まって河内湖となり、次第に淡水化した。上流からの多量の堆積物が大和川を天井川としたために、繰り返し氾濫して周辺農民に多大な被害を及ぼした。この氾濫を治めるために、付け替え工事が行われた。江戸時代中期以降には各藩でも付け替え工事などの治水事業が行われた。当時の河川や海運は交通・物流の輸送手段として重要で、全国に鉄道網が完成する明治末期までは、河川や海岸の近くに都市があった理由が理解できる。大阪は旧大和川によって奈良へ、淀川によって京都へと人の流れ・物流の拠点であり、河川の利用はその重要な手段であった。

高井田横穴群は線刻壁画が有名で、実物は柵の外から観察できた。箱状の船の上にいる男性と女性の絵があった。絵の人物の背の高さは十五センチメートル程度。周りに落書きされたとみられる線に勢いがない絵もあり、後で書かれた「落書き」と推定されている。詳細は不明だが七世紀に渡来系集団が造ったとされている。脆《もろ》い凝灰岩で出来ているので劣化が進行している。ちなみに、この線刻壁画を描いたお菓子が河内国分駅の近くで販売されている。

洞窟内は随分広い。高さは約一六〇センチメートル、縦横三メートルもある。壁には岩を削った跡がある。右から左にかけて何本も跡がある。明らかに右利きの作業だと「左右の日本の権威」の学長の八田さんから聞いた。壁を傷つける可能性がある鞄《かばん》の持ち込みは禁止だ。そのため私はリュックサックを外に置いて見学した。

まばらな竹林を下りると歴史資料館の入り口に到着した。「天井川としての大和川」の特別展を行っていた。入場無料。入り口には玉手山古墳から出土した直径六十センチメートル、高さ一メートルの円筒状の埴輪があった。

円筒埴輪の変遷については、前述の『再検討「河内王朝」論』の二十一ページに書かれている。大王墓出現の母胎としてのカギは、その大王古墳群の前代の古墳群である玉手山古墳群と松岳山古墳群を考慮する必要がある。私の大学はこの二つの古墳群のちょうど間に位置している。学園内に「近つ飛鳥原山遺跡」が発掘された。玉手山古墳群は古市からは石川の東に位置している。大学の名称にもなっている「玉手山」と呼ばれる縦に長い丘陵上に古墳はある。前方後円墳を中心として、後期古墳群や横穴などがある。十基前後の前方後円墳と数基の円墳によって構成され、そのほとんどが古墳前期にあたることが注目されている。玉手山公園に行くと石棺がある。調査され内容が解っている六基の検討によると、いずれも前方後円墳。全長五十から一〇〇メートルの大きさで、副葬品は刀剣などの攻撃的武器などや鉄製農工具ばかりで、全体に鉄器が少ないという特徴がある。この古墳群は弥生時代の高地性集落であり、複数の系列が順番に古墳群を形成したと考えられている。松岳山古墳群は朝鮮半島高句麗や香川県とのかかわりを思わせる「積石塚」であることから、大和川の水運を司った部族の長と考えられている。

ＮＨＫの大河ドラマ「真田丸」でお馴染みの豊臣方武将の後藤又兵衛は、大阪夏の陣でこの玉手山で戦死した。この戦いからすでに四〇〇年が経過した。この玉手山山頂には一九〇四年に開園した近鉄玉手山遊園地がある。一九九八年からは柏原市立玉手山公園となった。この遊園地には大型遊具とちびっこゲレンデ、後藤又兵衛の石碑、大坂夏の陣の両軍の戦死者供養碑、前方後円墳の石室、小林一茶の句碑がある。観光スポットとしては十分な量だ。おまけに展望台からはあべのハルカスも見える。そこから少し北が大阪城だが、建物が多すぎて判らない。

先日、私が大阪に赴任して三年目にして、初めてこの公園まで歩いて行った。近鉄国分駅から玉手山公園までの道のりは徒歩で約十五分。私の健脚でも厳しい急坂がある。玉手山公園は貴重な観光資源であるのだが、残念ながら公園には質が伴わない。まず整備が不十分だ。公園の階段は砂で出来ていて歩きにくい。おまけに階段の昇降が困難だ。案内板もバラバラだ。とても観光客を誘致したい公園ではない。四〇〇年前の大阪夏の陣の当時は、玉手山の頂上から見ると大和川の湿地帯を重装備の武士たちがもがきながら前進するのが手にとるようにわかる、と司馬遼太郎は書いている。しかし頂上から見ても人の姿はあまりにも小さく、この小説のようには戦闘の様子は判らない。玉手山の丘陵の古墳やツワモノどもの屍《しかばね》を覆い隠すように、三〇〇年後に『大阪ワイン物語』のぶどう畑は造られた。今ではぶどう畑がわずかで、多くは住宅に代わってしまっている。

冬なので公園には緑は少ない。玉手山は江戸時代には景勝地として有名だった。一茶は一七四二年の春から上方、西国方面に旅をしたという。玉手山を記録して小林一茶は『西国紀行』を書いた。「初蝉や人松影をしたふ此《ころ》」の立派な句碑を見つけた。さらにすぐ隣にも「雲折々適《まさ》に青葉見ゆ玉手山」の句碑も見つけた。

地域活性化のために、公園内の歩道整備や植樹や展示物の整備をすべきだと思う。たとえば週末に訪ねられるように、通年で玉手山公園、歴史博物館、古民家、ワイナリーをつなぐ新しい観光ルートを開設すれば良い。わが大学の敷地内にある頼山陽の高弟柘植《つげ》常熙《じょうき》によって開かれた立教館も加えよう。さらに「ひめひこワイナリー」のある高尾山を加えても良い。

柏原市立歴史博物館の展示室の円筒埴輪はレプリカではない。本物だ。手を触れることができるほど近くに陳列されている。しかし息を吹きかけただけで脆くて崩れそう。近づいて観察するのはやめにした。昨年は仁徳天皇御陵が宮内庁の許可が出て発掘調査され、約三万体もの円筒埴輪が並べられていたと推定されている。見た人を威圧する荘厳な景観だったろう。教科書の埴輪黎明期の円筒埴輪と酷似しているのは、前に述べた古墳前期の特徴があるからだ。さらに陶器、青銅器、銅鐸《どうたく》などの出土品も展示してある。

大和川の付け替え工事についての今年の特別展示は、資料館の三分の一のスペースを占めていた。大和川は天井川でたびたび堤防が決壊して洪水を起こし、人的被害も少なくなかった。新大和川は古地図では、北に向かっていた流れを西に変えた。司馬遼太郎が書いているように、大坂夏の陣で玉手山に墓がある、豊臣方武将の後藤又兵衛が活躍した時代には、大和川はまだ北へ流れていた。一六五九年頃より、河内地域の農民による抜本的な改革案の「大和川を西に向け、直接住吉・堺の海に流れ込むように付け替える事業」が、中甚兵衛らが中心となって行われた。展示してある中甚兵衛像は七十センチメートルの高さで、優しい眼差しで右手の人差し指を水平に差し、左手に巻物を握っていた。

狭い一角の常設展示コーナーに、カタシモワインの「採る・搾る・寝かす」ための簡素な道具があった。ちょうど一年前には「柏原ワインの歴史」の特別展示をしていたので、近隣のワインの収穫量や日本酒の展示などの大量の資料を見ることができた。今回はぶどうの歴史はわずか一枚。『河内名所図会』に、柏原市に近い富田林がぶどうの産地であることが書かれていたとの記載がある。日本ワインの歴史は後で詳しく述べる。

歴史資料館を出て、左に曲がって高井田横穴公園の北側の用水に沿って下り坂を行くと、ぶどう畑の前を通った。在原業平《ありわらのなりひら》が通ったと言われる「業平街道」の細い道がある。ぶどう畑には、乾燥して黒ずんだぶどうが何房か残っていた。細い道を右手に上がると展望台があり、十月末の台風で砂が流出して、展望台への坂道には立ち入り禁止の綱があった。展望台に上がると智識寺があったとされる案内図に、壮大な五重の塔が二つあったことが風景写真の上に誰かが油性ペンで不器用に書いてあった。仰ぎ見ると、空は薄い雲に覆われていたが青空で、風はなかった。七世紀に智識寺の壮大な寺院を誰が造ったかの詳細はわかっていない。よほどの財力・権力がないと、これほどの薬師寺式の伽藍配置など不可能だ。丘の上から一望しても、ぶどう畑はなく住宅に置きかわっていた。この光景からも、現在の大阪でのぶどう畑の面積は一一〇平方キロメートルと言っていたカタシモワイナリーの高井さんの厳しい表情が理解できた。

丘を下りると石神社《いわ》。両側を森で囲まれた本殿は急な階段の上にある。誰も登らない。社の真下には幹の直径が約二メートル、高さ二十メートル以上もある巨大なクスノキがあった。鳥居のすぐそばに智識寺東塔刹柱礎石があった。柱の太さから、五重の塔の高さが五十メートルもあることが推定されている。礎石は無造作に生け垣の後ろの狭い空間に置かれている。ガイドの説明がなければ見過ごしてしまうほど目立たない。

右手の建物の黒い壁に貼ってあるサン＝テグジュペリ『星の王子さま』の一文が心に響いた。「こころでみなくちゃ、ものごとはよく見えない」と書いたA3の張り紙だ。バラに会いに行った王子さまに秘密を教えてくれたキツネの台詞《せりふ》だ。「いちばんたいせつなことは、目に見えない」。五十年も前に読んだ『星の王子さま』の、小さな子供にもわかる優しい詩に再び感動した。

なんという因縁なのだろうか？ この台詞を書いた彼とワインは関連することが解った。フランス食品振興会主催の世界ソムリエ・コンクールの日本代表審査員の山本博さんの『歴史の中のワイン』（文春文庫 二〇一八年）の一五九ページに発見。山本さんは、実は「第三級のワイナリー」だが好きだと。まさにマレスコ・サン＝テグジュペリこそ、星の王子さまを書いた彼の実家のワイナリーなのだ。山本さんは新旧の歴史が共生していている醸造所は実に面白いと書いている。もう一度『星の王子さま』の本を読み返して、この「第三級のワイナリー」のワインを試してみたくなった。サン＝テグジュペリの第三級のワインが日本で手に入るか調べてみよう。さらに因縁だろうか、サン＝テグジュペリと私との誕生日が同じ日だ。彼の誕生から五十一年後に私は生まれた。


観音寺の前を通過してフェスティバルのワイン会場がいよいよ近くなった頃から、皆の足取りが速くなったのを感じた。真田六文銭を付けた真新しい派手な赤い法被に真紅の甲冑《かっちゅう》姿の中年女性と、その娘と思しき人が急な南の斜面を背にして旗を持って立っていた。羽曳野市から来たという。本格的な武将姿で、何かのイベントをこのワイン祭りの会場でやるという。ぶどう畑を下る狭い小道は幅が一メートルしかないので、すれ違うのがやっと。左側は深さ一メートルほどの用水路なので落ちそうだ。幸い水はないので、落ちても濡れる心配はないのだが。この付近は両側にはぶどう畑が広がっていて、収穫はほとんど終えているのと葉っぱが落ちているので見通しが随分よい。

六十メートルほど坂を下って行くと、左側の畑の中に白いイスとテーブルが置かれて臨時屋外レストランを営業していた。パスタとかたこ焼きのメニューが読める。摘み残しのぶどうの完熟の一粒を失敬したが、想像より甘くておいしかった。ぶどう棚の道を下って会場へ到着。わが大学の参加者四十名の記念写真をワイン会場の前で撮影した後は解散となった。

ワイン販売所はカタシモワインの販売店の隣の狭い駐車場にある。間口三十メートル、奥行き五十メートルほど。普段はワイン祭りがなければ、それなりに広い駐車場だ。背丈より高いワインの樽《たる》が二個置いてあった。今日は数百人でごった返しているので、ワインのサーバーまでたどり着くのも困難だ。左側の販売所でグラス五〇〇円と二〇〇〇円のワイン券を買った。すでに正午を過ぎていた。新酒の赤ワインの甘酸っぱい香りと味は心地よい。飲むとサラッとした新酒の若い味がする。お土産に新酒の赤ワインとタコシャンワイン（シャンペン）を一本ずつ購入した。途中の鶴橋駅で一〇〇〇円の焼き肉ランチを食べてから家路を急いだ。

今回のワイン祭りの集合写真は、大学のホームページにすぐには掲載されなかった。しかし後日、電光掲示板には集合写真などが投稿されていた。来年のカタシモワイン祭りの参加募集のメールには「軽薄な返事はしない」と固く決めた。

第二章　スウェーデン留学と八雲町

大阪ワインも甲州ワインも明治維新の殖産興業策がなかったら、現在の形では存在しなかったことは確かだ。明治政府の「主食のコメを消費せず、米作りに適しない土地にぶどうを植えてワインを造る」という方針は、殖産政策の目的にかなっていた。第一章でも書いたが、ここでは私が今まで行ってきた二つのこと、第一にスウェーデン留学と、第二に北海道八雲町の研究について書いておく。というのは、私がなぜ『大阪ワイン物語』を書こうと思ったか？　を理解してもらえるからだ。
人は意図していなくても歴史とかかわっている。実は私自身も知らないうちに、私が明治維新とも深くかかわっていることに気づいた。

私は一九七八年に医学部を卒業した。まさに二〇一九年の三月末で、医師になって四十年経過した。すべての事柄に好奇心旺盛な私は、一九八五年に九か月間、スウェーデンのルンド大学に留学するチャンスを得た。その後も一九九一年と二〇〇二年に各約一か月間、ルンド大学に研究のために滞在した。スウェーデンに留学できたのは先輩のO先生が半年前に留学していたからだ。留学することは失敗を恐れて誰もが躊躇《ちゅうちょ》する。しかし「見る前に跳べ」と考えていた単純な私は、先輩を出し抜いて一番に留学に手を挙げた。留学前に起こった「大事件」がある。

一九八四年の一月に、M教授から東京厚生年金病院への赴任を打診された。東京厚生年金病院は初代名古屋大学名倉重雄教授が創設時の院長だった。私の大学の系列病院の拠点で、名古屋大学から医師を派遣することになっていた。しかし私が赴任するまでは、正式に大学から医師が派遣されたことは一度もなかった。名古屋人は県外に出たがらないのは有名だが、医師もほかの職種と変わらず県外へ出たがらない。東京への赴任を打診された時、私の先輩たちは「親が病気で介護が必要」だとか「子供の幼稚園の都合」だとか、考えつく様々な理由をつけてことごとく拒否した。

ついに最後の私に順番が来た。教授室に入って即座に私は「東京へ赴任します」と答えた。M教授は大いに驚いた。と同時に教授から大きな信頼も得た。この信頼があって、赴任後わずか二年半で助手の身分で大学へ戻ることになった。医学博士号の論文審査もすぐに通すからと。さらに図々しく東京赴任の条件として、三か月間のスウェーデン留学を希望した。

もちろん即座に許可。私費留学なので、旅費・滞在費はすべて自己負担。詳細は書かないが高い費用だとは思わなかった。九か月間の短期であったが、スウェーデンの友人たちが多数得られたこと、異質なる文化・歴史・思考・医学を生活の中で吸収できたことは、かけがえのない大切な宝になった。そして家族で一緒に暮らせたことも。出発便は安全のためにビジネスクラスにした。そのため二歳と一歳の二人の娘たちのスペースを確保できたものの、往復航空券は大人二人で合計約一二〇万円と高価だった。

ルンド大学は一六六六年に創立された北欧最大の大学。世界の大学ランキングでは九十番と高い。スウェーデンの一番南端にある。デンマークの首都コペンハーゲンのあるフュン島のカストラップ空港からホーバークラフトに乗って、三十分でスウェーデンに到着。さらにローカル鉄道でルンドまで約六十分。入国時には特急列車に間違えて乗ってルンドへ到着した。しかし車掌さんは特急運賃の支払いを見逃してくれた。当時の航空機はシベリア上空を通過するので直行便はなかった。アラスカ州のアンカレッジで給油してコペンハーゲンへの行程で二十数時間もかかった。ルンドへの到着は一九八五年三月二十日の昼。気温はマイナス二十度。寒いというより皮膚が痛い。この年は第二次世界大戦の年以来記録的に寒い冬で、バルト海も氷結した。

四月になっても最高気温は十度程度にしかならなかった。しかし五月になると十五度を超え一斉に花が咲き始めた。折りたたんだ傘がぱっと開くように、ビックリするほど大きな葉っぱが開き、花も咲いた。大学本部のモクレン（英語名マグノリア）の白い花が優雅に咲いた。この白いモクレンはルンド大学のシンボルだ。ルンドの街には八重桜がたくさん植えられている。スウェーデン人はサクラが大好きだ。最も佳《よ》い季節の六月になると気温は二十度を超えた。ライラックの花が咲き誇る季節になった。八月には少し涼しくなった。

私はルンド大学に妻と二人の娘を連れて留学した。

初めの事件はルンドに到着してから一週間で、一歳一か月の次女が歩き始めたことだ。次の事件は四月にその次女が乳母車から落ちて前歯が一本欠けた。石畳の隙間に乳母車の車輪が挟まったのを、無理やり私が動かしたからだ。当時私は三十三歳、妻も二十八歳。若さとバイタリティに満ち溢れていた。しかも医学博士の学位も四月に授与されたばかりだった。

住居はルンド市の中心にあるブレドガータン9Fにあった。外装は赤レンガで覆われている二階建ての集合住宅で、一階の住民には地下室、二階の住民には屋根裏部屋がついていた。「十年たってもこんな立派な家には住めないね」と妻と語ったことを思い出す。住宅は地下室と合わせて、延べ床面積は一三〇平方メートルはあった。ベッドルームが三室、ダイニング・キッチン、リビング。キッチンには大人が入れるほどの大きな冷蔵庫があった。それに地下室にはビリヤードがあった。住居の賃貸料は、格安の一か月六〇〇〇スウェーデン・クローネ（当時の一クローネは約十八円で約十万円）だった。住居の所有者はルンド大学の「手の外科」専門医のハッファジー先生だ。彼はクウェートの病院へ手の外科の指導医として二年間、奥さんと赴任して不在だった。

住居の玄関には鏡が一面に貼ってあった。ある日二歳の長女が玄関の鏡に接触して何枚かが割れた。幸い娘にケガはなかった。一人の若い女性との偶然の出会いが鏡の修復を解決してくれた。彼女の名前はカミラ。日曜市場に面したスーパーマーケット「ＤＯＭＵＳ＝ドムス」でレジのアルバイトをしていた。カミラは「コンニチハ」と流暢な日本語で私たちに話してきた。彼女はルンド大学日本語学科の学生で、身長は一七五センチメートル。金髪で色白の美人だ。当時日本人の留学生は全くいなかった。カミラは日本語の話し相手を探していたのだ。週末に家に招待したところ、彼女の同級生でボーイフレンドのヤンを連れてきた。ヤンの身長は一九〇センチメートル。しかも痩せている。

少なくとも夏至祭とイースターには彼らと妻と二人の娘で食事をした。二人の娘たちも週末に彼らが来ることを心から楽しみにしていた。

一足先の八月末に、妻と二人の娘たちは富山の実家へ出産のために帰国した。「妊娠八か月以降の妊婦は医師の付き添いがないと飛行機に搭乗できない」規則がある。幸い私は医師なので、私が付き添うことで妻は搭乗を許可された。

留学の時に住んでいたブレドガータンの住宅には、縦四メートル、横五メートルほどの庭には一面に芝生があった。夏の間の芝は濃いグリーンで驚くほどグングン成長する。そのため少なくとも週に二回の芝刈りは私の日課だった。汗をかく結構いい作業だ。

テレビは地下室にあった。しかし昼間は放送する番組も少なく、おまけに時間も短い。しかも言葉はスウェーデン語か英語、またはデンマーク語。それでも一九八五年八月十二日に御巣鷹山へ墜落した日航機一二三便墜落事故をテレビ放送で知った。「スキヤキ・ソング」(「上を向いて歩こう」)は欧米でも大ヒットした。この歌を歌っていた坂本九さんもこの事故の犠牲者となった。不思議なことに墜落事故の一か月ほど前に、レイフ・リド先生の人工ひざ関節置換術の最中に手術室でこの歌を聞いた。生存していた若い女性が、ヘリコプターからロープで吊るされて救出された映像が、何度も繰り返されて放送されたことを今でも鮮明に思い出す。

スウェーデンでは三月から十月までの時期はサマータイムが導入されている。北緯五十九度にあるルンドは、夏は午後十時までは明るい。気温は二十五度以上になることはほとんどないが、三時を過ぎても気温が上昇する。日照時間が長いので、夕方という時間の概念を日本とは変える必要がある。サマータイムには心配な健康被害、心筋梗塞が有意に増加するという研究がある。東京での夏のオリンピックの高温に対するM元首相の思い付きの提案は、幸いにも却下された。ついでに書いておくが、今頃になってマラソンの開催が「札幌」か「東京」かで揉め、最終的には国際オリンピック協会（IOC）の決定によって札幌開催となった。

日がとんでもなく長い夏至のあたりの日には、夕食後にも二人の小さな娘を連れて近くの公園へ行った。ゆっくりと時が流れていく。五月末から六月は、街中にライラックの紫色や白の花が溢れる。特に青紫の花が私は大好きだ。

ルンドの大聖堂は紀元八〇〇年創立で、二本の尖塔がある。大聖堂の中には直径三メートルの巨大な太陰暦の時計がある。この時計はガイドブック『地球の歩き方』にも載っている。定時には、からくり人形が時を知らせる仕組みになっている。大聖堂へは、週末には妻と二人の娘と散歩に何度となく来た。

スウェーデン留学の当時お世話になった先生を紹介しよう。最もお世話になったハンスのことは後で紹介する。留学時の指導教授（メンター）と思っているゲーラン・バウアー先生、膝関節の指導者レイフ・リド教授とアンダース・リンドストランド准教授、高齢者の大腿骨近位部骨折の登録の重要性を教えてくれたコーゲー・トングレン教授、私が開発した「骨盤骨切り手術」（骨盤の軟骨を付けたまま球状に骨切りして、荷重部を水平化する手術）を習得するために、名古屋大学へ三か月間留学したラトビア出身のウルディス・ケステリス先生などだ。名古屋大学からは、浜松医療センターのI先生をはじめ十名以上が留学した。

話は三十数年後の名誉医学博士の話へ戻る。

名古屋大学とルンド大学の学術研究協力協定が二〇一六年一月に正式に締結。名古屋大学とルンド大学の大学院を国際的研究機関とするという趣旨だ。留学すれば、どちらの大学からも博士号を授与される特典がある。発端は私の友人ハンスだ。私はハンスとともに、名古屋大学とルンド大学研究協力の創始者と認定された。私の名誉博士号授与も、研究者の国際協力に貢献した業績を迅速にまとめてくれたルンド大学の諸先生の強い推挙による。また私の強引な勧誘に乗せられて留学した諸先生や、留学を薦めていただいた岩田久名誉教授にも感謝している。

ゴシック様式の荘厳なルンドの大聖堂で名誉博士号の授与式は行われた。授与式は最も美しい季節の五月二十七日の午後。この時間は偶然にも私が大好きな、当時アメリカ合衆国大統領のオバマさんが、広島での「全世界の核廃絶」を訴えた感動的な演説と同時刻だった。滞在していたグランドホテルから徒歩五分なので、授与式の直前までオバマさんの演説のテレビ中継を見た。

私が授与された名誉医学博士（Doctor Honoris Causa=DHC）は、誰でも「もらえる」称号ではなかったのだ。「スカンジナビアで東洋人の整形外科医が名誉博士号を授与されたのは、ハッセイが初めてだ」とハンスが言った。幸運な名誉博士号授与も、ハンスたちの強い推挙によることは明白だ。改めて感謝、感謝。

お祝いのメールを京都市立病院のT先生からもらった。彼の恩師の京都大学名誉教授の山室隆夫先生も、マルセーユ大学の名誉博士号を授与されたことも知らせてくれた。実は山室先生は、整形外科医として日本人初のスウェーデンのルンド大学付属マルメ総合病院に留学をした。そんなことから親しくさせていただいている。というより、私が図々しくそう思い込んでいるだけだ。名誉博士の称号を持つのは、日本全体でも一〇〇〇人もいない。授与式が終わってハンスが奢《おご》ってくれたツボーの生ビールが、カラカラの喉に染みわたった。

この式典のために ケチな私が、五十万円もの大金を払って「生涯着ることはない」と思っていた燕尾服を名古屋の老舗《しにせ》のMデパートでオーダーした。スウェーデンで安く借りることもできたが、手足が短い私にはピッタリと合うはずもない。せめて一世一代の記念写真のためにオーダーメードの燕尾服で決めたいと思った。式典で着る服の詳しいドレス・コードが書いてあった。英文での説明では、式典は燕尾服と黒のベスト、晩餐会は燕尾服と白のベストとあった。

Mデパートで燕尾服のオーダーを聞いてくれたのは「安心院」さんだった。彼は叙勲や海外での招待講演の礼服には精通していた。

しかし、名札に書いた彼の苗字が読めない！　今なら自称ワイン通なので読めて当たり前かもしれないが。この時はまだこの名前に反応するだけのワインの知識もなかった。

二〇一八年八、九月号のＪＴＢの雑誌『トラベルライフ』によれば、大分県国東半島の付け根にある安心院葡萄酒工房のスパークリングワインで有名な町だ。この工房の栽培面積は五万へクタール。ワインの年内生産量は十五万本。

この名前を「あじむ」と読める人はほとんどいないだろう。もちろん私もだ。彼の出身が大分県かは次回に確認する。

話は脱線するが、このワイナリーは安心院町佐田という農村に近い。この地は島原藩の知行地だった。ワイナリーから直線距離で五キロ。こっちのほうが歴史上は有名だ。豪農の賀来惟熊《かくこれたけ》が一八五六年に反射炉による大砲の製造に成功した。惟熊は女優の賀来千香子さんの曽祖父だ。佐賀藩の鉄製大砲が一八五二年に完成してからわずか四年後のこと。素晴らしいのは民間人が鉄製の大砲を製造したことだ。

幸運にも、この安心院ワインはプレジデントムック『dancyu 合本　ワイン。』（プレジデント社二〇一五年発行）では、世界に通用するワイン九十九本の中の一本に選ばれていた。偶然に、名古屋の八事のイオンで安心院の白ワイン「卑弥呼」（一八〇〇円＋税）を発見。酸味と渋みは強いが、若々しいスッキリした味だった。半年後に安心院の看板のスパークリングワインを試した。これもフルーティーで爽快な味だ。

話は名誉博士号の授与式の少し前、旅行の準備に戻る。なんということだ。名誉博士号の授与式の招待の航空券は、SASのビジネス・クラスではなく一つ下のエコノミー・プラスだった。この往復チケットの費用は約二十六万円。ビジネスクラスより十五万円も安い。すでに購入していたビジネスクラスのチケットをキャンセルした。

二月にあったスウェーデンからの名古屋大学とルンド大学の医学研究科の医学博士交流プログラムの調印式に、ルンド大学の医学部長ら五名が名古屋に来た。その時でも彼ら全員がSASエコノミー・プラス（エコノミーより値段が少し高い）で成田へ到着。そこから名古屋への到着時間が二時間も遅れたのは新幹線「こだま」で来たからだ。

「こだま」を選んだ理由は、彼らにとっては時速二〇〇キロの「こだま」でも、スカンジナビア諸国の最高時速一一〇キロのIC国際特急より十分速いと感じていたからだ。数年前にM東京都知事が「ファーストクラスでないと良い仕事ができない」と発言したのとは大違いだ。能力がないM都知事は費用が税金で賄われている意識が微塵もなかった。毎年のノーベル賞の受賞者はさすがにビジネスクラスで招待されるだろうと思ったが、こんな下品な質問はしないことにした。

私のように「優秀ではない人間」も、若いうちに「留学という体験をすれば大変化を遂げる」ことが可能なことを、自らが証明できたと思う。「見る前に跳べ」を自ら実践した私は、若い研究者にも情熱的に留学を勧めてきた。結果がどうなるか計算していては留学などできない。

私は、後輩の医師に公費での留学は選考基準が高すぎるので、私費で半年くらいルンド大学への留学を勧めていた。乱暴にも「行って自分が何者かを確かめてこい」「Who are you? の質問に何と答えるか?」とパワハラ発言を繰り返していた。それでも十名を超える医師がこの言葉に半ば強要されてルンド大学に留学した。

留学当時お世話になったルンド大学の先生とは、現在も交流を続けている。特にハンスとは頻繁にメールをしている。と言っても数か月に一回だ。ハンスは金髪で、身長は約一八〇センチ。今の体重は一〇〇キロを少し超えている。

私のニックネームは「ハッセイ」だ。私はハンスのことを「ハンス」と呼ぶ。ハンスも子供の時の愛称は「ハッセイ」であったことから、親しみがわくと彼は言う。ところが同時期に留学していたクウェートの留学生のアハメッドは、私のことを「ハッサン」と呼んでいいかと尋ねた。もちろん「ノー」。彼は色黒で、身長は私より少し低い。ガッシリした体型。彼はヘビースモーカーだ。顔の近くで唾を飛ばして大声で会話してくる。おまけに、タバコ臭い。奥さんと子供、そしてメイド一人がいるクウェートでは中流の留学生だ。

ルンド市は人口約六万人。デンマークのコペンハーゲンから五十キロメートルの距離のスカンジナビア最大の学術都市だ。大聖堂を中心とした石畳のあるルンドの旧市街地は、せいぜい二キロメートル四方と狭い。周囲には散歩にちょうど良い距離にボタニスクガーデン（植物園）やスタットパーク（公園）がある。

留学当時はデンマークとスウェーデンの間のバルト海には橋がなく、週末には二週間に一度、三時間かけてフェリーに乗ってコペンハーゲン中央駅まで出かけた。今は橋が出来たのでコペンハーゲンまで車で一時間もかからない。ただし、移民制限のためパスポートのチェックの時間が必要なので、余分に時間がかかるようになった。

留学した一九八五年には、スウェーデンはオール電化になった。したがってガスは廃止。いろいろな議論の末にエネルギーは電気に一元化された。彼らはなんと聡明なのだろう。

当時原子力発電所がルンド市郊外の閑静な港町のバッシュ・ベックハムにあった。ハンスの両親の家のあった村だ。ここからは晴れた日にはバルト海の対岸五十キロメートルにコペンハーゲンの建物がくっきりと見える。三十年以上も前に、エネルギー政策からスウェーデンはすべての原子炉廃炉を決めた。住民の放射線被害の可能性をなくすため、原子炉の廃炉計画が着々と進行していた。一九八五年に廃炉を開始すると、完了は二十年後の二〇〇五年の予定。ハンスによると、計画的な原子炉の廃炉でさえ、完了したのは二十五年後の二〇一〇年だった。この事実を知っていた私は、メルトダウンした福島原発の「水素爆発した廃炉は十年で可能」という日本の原子炉メーカーT社の大震災直後の「非科学的で不誠実な発表」に怒りを覚えた。

科学者のはしくれを自称する私は、福島原発の廃炉には地震発生後一〇〇年は必要だと思っている。さらに罪深いことに、東京電力は「メルトダウン」という言葉を封印した。事故の矮小《わいしょう》化だ。福島原発事故は、チェルノブイリ原発と同一の最悪レベル七に判定された。これらの事実を知ると、日本の科学者や政治家の現状評価の過小評価、倫理観のなさと無責任さ、先見性のなさには腹が立つ。実は八年前の四月末にハンスを講演会に招待した。しかし原子炉の爆発の危険性があるとの情報で、日本への不急の渡航は控えるように勧告があった。私は英文のメールの行間に彼の悲壮感を読み取り、翌年に講演を延期した。

二〇一八年八月に宿泊した東横インホテルのプロモーション・ビデオの内容は、「自然エネルギーの重要性」だった。日本は原油輸入に年間二十五兆円も払っている。これを自然エネルギー（再生可能エネルギー）に転換すれば、風力発電や太陽光発電は「国産エネルギー」になる。メリットはそれだけではない。中東産油国の不安定な政情に左右されるリスクもなくなる。小泉純一郎元総理らも主張しているように、小学生にさえわかる明解な理論だ。日本の政治家には知識も先見性もないことに失望する。おまけに原発や火力発電で十分という理由で、「自然エネルギーを買い取る余裕がない」との発言をしている無能な電力会社が多すぎる。競争原理の働かない日本は、買い取り価格に縛られて自然エネルギーのコストは高止まりしている。なさけない限りだ。驚きはアメリカだ。太陽光発電や風力発電のコストが価格競争でさらに年々低下しているのだ。アメリカはしたたかな国だ。

私は手術が得意な「少しだけ名の知られた整形外科医」だ。生まれつき股関節の形成が悪い患者さんに対して、骨盤の骨を切って被覆を良くする手術「偏心性寛骨臼回転骨切り術」を開発した。この結果を多数の論文を発表して世界的にも有名になった。おかげで国際学会のシンポジウムや講演は十回以上した。昨年は三月に中国の北京と昆明、六月にアイスランドの首都レイキャビクとで合計八つの講演をした。

さらにサプライズは、天津病院の馬信龍《マーシンロン》教授から八月に突然メールが届いた。四か月後の十一月には厦門《アモイ》で、学会員が十万人もいる第十三回中国整形外科学会の招待講演「股関節の骨切り術」の依頼が来た。記憶から消えていた馬先生は、私が約二十年前に名古屋大学への留学を世話した先生だ。彼の後輩で九州の病院で整形外科医をしているS先生によれば、偉くなって天津病院の院長になったとか。厦門の学会の時に、彼が一九九八年に一か月間、名古屋に滞在したことを確認した。この馬先生への招待は、「中国での大腿骨近位部（またのつけね）の骨折の疫学研究」の四十万円の研究費を獲得できたからだ。

高齢になると股関節の骨折を起こし、その治療に医療費が増大することへの対策方法が、スウェーデンでは一九八〇年代から研究されていた。私も日本での大腿骨近位部骨折一一六九例（平均年齢六十七歳）の疫学的研究を、アメリカの一流雑誌（『CORR』）に報告した。これは一九九二年に再訪した時に、ルンド大学のコーゲー・トングレン教授の指導で行った研究だ。論文はK先生の学位論文となった。見事な木製の螺旋階段のあるリノベーション最中のトングレン教授の自宅を訪問した時に、奥様のマルゲリータが階段で転んで足首を捻挫した。その時に足首の捻挫と診断して包帯固定したのは私だ。

「誰か整形外科医はいないの？」とマルゲリータが言った。心配そうに近づいたコーゲーに向かって「コーゲーは医者じゃないわ」。私の方を向いて「ハッセイみて」と。恥ずかしながら、私も妻や娘たちからは腰痛や肩のことですら医者として認知されていない。

骨折研究の件に戻ると、私は一九九〇年代に、この大腿骨近位部骨折が社会的インパクトのある重要な骨折であることに気づいていなかった。私が指導したK先生の学位論文は、引用回数（サイテーション）が私の論文の中で唯一、一〇〇を超えた。しかし、この論文は捻挫したマルゲリータの足元にも及ばない。詳細は忘れたが、確か脂肪酸の研究で彼女は生化学者でインパクトファクター四十五の、超一流の英文雑誌『ランセット』に、しかも四遍も論文を掲載した才女なのだ。

ここから中国からの留学生の話に飛ぶ。馬先生が名古屋大学整形外科へ来た前後の時期は、中国からの大学院への留学生が四人もいた。ほとんどが流暢な日本語を話せた。「おネエ言葉」の留学生もいた。私は当時講師で、留学生にも日本人と対等に優しく接した。浜松医大教授になったM先生と私が、中国人留学生四人が選んだベスト教官に選ばれたことは今でも自慢だ。

私を広州に二〇〇〇年以降に頻回に招待してくれる于《ウ》先生は出世して、今は深圳《シンセン》にある北京大学付属病院の教授になった。于先生は、一年間名古屋大学で研究した後、北大の整形外科の大学院生になった。脊椎、特に仙腸関節と腰椎固定のバイオメカニックスで北大から学位を授与された。

当時北大は金田清志教授のもとで日本の脊椎外科のメッカだった。于先生は広州中山大学黄埔病院の准教授として働いた。日本以上に厳しい教授レースに勝ち抜くには相当な努力が必要だった。

ここでレイキャビクでの第五十九回北欧整形外科学会に話が飛ぶ。学会での講演を選べば「時間に制約がある」のでポスター発表にした。この選択は、単にツアーに出かけるのに都合がよい。

公式な学会の二つの参加目的は、親友ハンスとルンド大学の同僚らと二年ぶりに会うことと、名古屋大学とルンド大学の国際交流の交渉をレイキャビクで行うことだ。私は一昨年に三十年間も勤務した名古屋大学を退職した。在職中に有給休暇はほとんど取らずに、大好きな股関節の手術を毎年約二〇〇件、合計約四〇〇〇件も行ってきた。

外科医の手術は「すぐに上手くなる」ものではない。ましてや私が大好きな米倉さんの「ドクターX」のように手術を「失敗しない」ことは「絶対にない」。「背中を見て覚えろ」という古い指導法も誤りだ。ステップを踏んで計画的に外科医を育てることが重要だ。

私の厳しい目から見れば、三分の一の外科医は下手くそだ。唯一の救いは「手術が上手くなりたい」という強い信念が彼らにあることだ。私の手術の半数は、若手医師の技術指導だった。若手外科医への厳しい指導には継続的な強い「情熱」と「忍耐力」が必要だ。当然指導者として毎日が苦しい日々だった。私にとって「平均的な技術力の外科医」など存在の意味がない。「ダントツ」に手術が上手でなければならない。少なくともそれを目標としなければ外科研修の意味はない。三十年で優秀な技術と倫理性を兼ね備えた外科医を十人も教育できたことは望外の喜び、そして教育者としての誇りだ。

しかし何人かは脱落した。私を殴りたいほど怒っている後輩医師もいるに違いない。もちろん先輩医師も。後輩は私の指導に怯《おび》えていた。十年前に広島で講演したところ、主催の先生が問い合わせて複数の医師から評判を尋ねたと。私は「とても厳しい医者」と評価されていた。もちろん甘んじて受ける嬉しい評価だ。私が何度も学会で逃げ場のない質問をしたことは個人攻撃ではない。研究や臨床の核心となる問題点を解決するよう親切な指導をしたと弁解させてほしい。

私の研究には二つのテーマがある。すでに書いた「股関節手術」と、もう一つのテーマは「高齢者の運動機能評価と運動機能を維持向上させる研究」だ。中高年のひざと腰の臨床診断と、日常生活で歩行などの必須な動作が経年的にどのように変化するかを評価している。現在は日本整形外科学会が提唱する「ロコモティブ・シンドローム」の評価も行っている。研究のフィールドは、本書に何度も登場する函館から北へ八十キロメートルにある北海道八雲町。二つの海に囲まれた自然が豊かな町だ。

研究は一九九七年から今年で二十三年間継続している。この研究は文科省から科研費の基盤研究Bを四回と基盤研究Cを一回で総額約七〇〇〇万円を獲得した。さらに長寿科学研究費なども獲得した。これには地元の八雲町職員と、研究に協力してくれた八雲町の住民の皆様に感謝したい。そして毎年参加してくれる整形外科スタッフにも感謝する。

自慢できるのは、日本整形外科学会で私たちの八雲研究「Yakumo study」が有名な研究になったことだ。骨・筋肉・関節などの運動器疾患によって移動能力が低下して介助が必要となる研究を、日本整形外科学会が提言した「ロコモティブ・シンドローム」の普及が始まる十年以上も前に始めた。八雲町検診は一九八二年に始まった。この検診を開始したのは青木國雄名古屋大学名誉教授だ。後で書く『医外な話』（名古屋大学出版会）の著者だ。この本を読み返して、パスツールが脳卒中で左片麻痺になったことを知った。私は「ワインの低温殺菌法」も彼によって発見されたことを全く知らなかった。さらに外科手術でお世話になっている「滅菌法」も彼が発明したとは知らなかった。

八雲研究で私が現在行っている研究のメインテーマは、「いかにすれば人間らしく歩行・日常の基本行動を高齢になっても維持・向上できるか？」だ。住民の目線で対応する現場に密着した地味な研究だ。高額な薬や器械を使用しないで「ねたきりにならない体づくり」のプログラムを地域住民に提供する。このプログラムを実行することでひざや腰の痛みを解消・緩和するものだ。三年前から近鉄鶴橋駅から急行に乗り十五分のところにある大阪府柏原市でも、地域活性化の活動として開始した。農山村でのフィールド研究は多いが、都市部での運動器や認知機能のフィールド研究としては日本で初めてだ。

私と同じ年齢のルンド大学整形外科のレイフ・ダールベルグ教授の、スクワットなどをコア・マッスルの運動と組み合わせた「関節痛に対する保存療法」の研究室を二度訪問した。彼はウェブによる数万人の介入研究から、ひざの人工関節が適応と診断された患者の八十パーセントが保存療法で手術を回避できると主張している。しかも股関節の人工関節が適応とされた患者でも同様だと。

「整形外科医が人工関節の手術をしないって？」「彼は手術が下手だから」。研究当初はボロクソに非難され中傷された。手術が得意な整形外科医なら必ず言う意見だ。彼とウェブによる人工知能（AI）を利用した運動プログラムの共同開発を三年前から開始した。しかしウェブ立ち上げの数百万円の研究費が得られず進んでいない。

もう一つのフィールドの北海道八雲町の研究では、「運動機能が高い人は認知機能も高い」との興味深い結果になった。つまり「運動機能を保持できれば、認知機能も保たれる」ということである。では「どうやって運動機能を保つのか？」の具体的な運動プログラムが私の課題である。理学療法士である三女の考えた運動プログラムを基本にして、プログラムは嚥下《えんげ》の筋肉から始まり全身の筋肉、特に起立筋や体幹に近い関節の筋肉をすべて動かす「カピバラ健康体操®」を開発した。まだ商標登録はしてない。昨年三十名が参加して九月から三か月の訓練を実践した。また八雲町での講演でも約百名にカピバラ健康体操を紹介した。昨年の結果と合わせて、ひざや腰が痛い患者は「運動してはいけない＝対象外」とする常識が間違っていることを確信した。一般整形外科医には驚きの結果だ。前に紹介したダールベルグ教授の研究とは完全に意見が一致している。

今まで私は、ひざや腰が痛くて運動できない人は対象外としてきた。この結果は「ひざや腰が痛くても筋力をつけることは運動機能を高め、生活の行動範囲を拡大する」ことを証明した。

「スクワット」などの運動をすべて禁止とすると筋力が低下し、歩行も困難になってしまう。岩波新書1787の『リハビリ』によると、一週間のベッド上安静は約十から十五パーセントの筋力低下につながる。したがって高齢者は二十四時間（長くても四十八時間）以上の安静はしてはならない。寝たきりの体をつくることになる。


話は大きく四国にとぶ。松山での学会発表を済ませて車で高知を訪れた。昨年は明治維新一五〇年の記念行事が高知県でも行われ、高知城歴史博物館のテーマは戊辰戦争だった。

戊辰戦争は鳥羽伏見の戦い、会津藩白虎隊、最後の箱館戦争で終結するわずか一年半の「武力革命」。戊辰戦争の意義は、薩摩・長州（薩長）、遅れて土佐・肥後（土肥）を中心として明治政府の軍隊が組織されたことだ。戊辰戦争は、領地だけでなく藩主から藩の武士（軍事力）を所有する権利も剥奪し、中央集権化を進展させた。「版籍奉還」によって尾張藩においても士族の経済的困窮が進んだ。尾張藩では北海道八雲町のような未開の土地に移住しようとする動きになった。

戊辰戦争の中で、ぶどうに関する新事実を発見。板垣退助が甲州ぶどうの産地の「甲州勝沼」で戦ったことだ。甲州のワイナリーに近い。「甲州ワインを飲んだか?」「甲州ぶどうを食べたか?」という二つの疑問がわいた。板垣退助は土佐藩の出身。驚いたことに、朝廷軍の土佐藩の指揮官として大活躍した。歴史はここが面白い。教科書で学習した板垣退助は軍人ではなく自由党総裁に決まっている。自由民権運動の代表者のはずなのだ。実は有能な「軍人」で東山道先鋒総督府参謀だった。鳥羽・伏見の戦いで薩長に後れを取った土佐藩が、土佐藩迅衝隊《じんしょうたい》を率いて中山道(甲州街道)を東上したことを初めて知った。

山梨県の甲府は一七二四年から幕府の直轄の要衝だった。というのは、甲州街道勝沼宿から郡内地区を越えれば武蔵多摩地方となり、江戸への攻撃が容易となるからだ。戊辰戦争で板垣退助は土佐藩の軍隊を指揮した。中山道を経由して甲府を占領後に江戸へ至る途中で、一八六八年三月二十九日(慶応四年三月六日)に、新選組隊長の近藤勇と戦った。官軍は勝利した。ワインで有名な「甲州勝沼」の戦いだ。この戦いは「甲州戦争」(甲州柝尾戦争)とも呼ばれた。

甲州ワインの歴史は明治十年からだ。三月末という季節なので「甲州ぶどう」の収穫時期ではなかった。したがって板垣退助はぶどうを食べていない。しかし板垣退助が戦闘のあった三月でも「ワインを飲むことができた」可能性はある。甲州ぶどうは存在したので、農家が造った「秘蔵の葡萄酒を飲んだ」と信じたい。蛇足であるが板垣退助は、パリでルイ・ヴィトンのバッグを購入した最初の日本人であるとの記録がある。したがって彼はパリでは間違いなく美味しいワインを飲んだことは断言できる。

私が八田先生と研究している八雲町の歴史を書いておく。八雲町とは明治初期の尾張藩「徳川慶《よし》勝《かつ》」による入植の地だ。八雲町の主な産業は農業と漁業だ。私は一九九七年から、この町の整形外科のひざ・腰などの運動器検診の責任者となった。現在は八雲町成人病検診疫学調査研究の代表になった。八雲町は函館からは特急スーパー北斗で約一時間、札幌から約二時間で到着する。ネオンはないが自然豊かな町だ。八雲町の人口は約一万七〇〇〇人。隣の日本海側の熊石町と合併して、日本で唯一太平洋と日本海を有する広大な町となった。町長の岩村さんの話によると、昨年のふるさと納税は三十数億円。おかげで財政は潤っていると。

尾張藩の歴史をさらに書いておく。幕末・明治維新の激動と蝦夷地の八雲町の成り立ちには深くかかわっていた。尾張藩の直系は九代藩主で絶えてしまったため、水戸藩から一八五一年にこの徳川慶勝を十四代藩主として迎えた。当時は家老の成瀬派の金鉄党「尊《そん》王《のう》攘《じょう》夷《い》派」と竹腰派のふいご党「左幕開国派」が激しく対立していた。ここで徳川慶勝が「尊王攘夷派」の水戸藩から来たことを理解できれば尾張藩の幕末史がスッキリと理解できる。

一八六〇年に彦根藩主井伊直弼《なおすけ》は、「桜田門外の変」で尊王攘夷急進派の水戸藩士らによって暗殺された。徳川慶喜《よしのぶ》による大政奉還後の一八六八年一月三日に鳥羽伏見の戦いが始まった。前に書いた「戊辰戦争」だ。翌一月四日に薩摩長州軍に「錦《にしき》の御旗《みはた》」が立ち、慶喜は「朝敵」となった。同年一月二十日に尾張藩において慶勝が佐幕派を一掃する「青松葉事件」が起きた。態度を表明していなかった幕府直轄の天領や、東海道や中山道の諸藩にも尊王の動きは伝わった。「版籍奉還」によって家禄を失った士族が、尾張から生活を求めて未開の土地の北海道に来ることになった。そこが八雲町だ。城山三郎の小説『冬の派閥』は、青松葉事件後に旧藩士が北海道八雲町に開拓団として送り込まれた話。初めの数ページを読んで「ヒグマとの戦いや自然の厳しさの中で開拓に苦労する内容」なのだと思っていた。しかし、この本の城山三郎の「あとがき」は、私にとって頭を殴られるほど衝撃だった。

「人は好むと好まざるとにかかわらず、組織に組みこまれている。組織にとって絶対正義は存在するのか?」

最後の文章には、

「本書は歴史小説であるとともに、現代における組織と人間のありようへの問いかけであった」

とある。以前から、城山が名古屋の出身であることに親しみを感じていた。しかし彼の小説の原点が「軍国少年として太平洋戦争の突然の終戦の衝撃と悲しみから始まった」ことを初めて知った。現代におけるさまざまな組織にも当てはまる。当然私の大学組織においても本質的・普遍的な「指導者のありように対する問いかけ」だと直感した。

この本には、豊橋市で開業されていた私の大先輩の大島照夫先生から筆で書かれた直筆のメッセージが添えてあった。「研究チームの八雲検診の皆さんで読んでください」と三十冊も送られてきた。すべて配布して、今は一冊もないと思い込んでいた。しかし、よく探してみると本棚の隅から二冊出てきた。十五年前の二〇〇四年八月の日付で『冬の派閥』(新潮文庫)の三〇四ページに「八雲町の名前の由来が記述されています」と達筆で書いてあった。八雲町の名前の由来の石碑は町役場の前に立っている。

八雲町開拓の歴史は、一八七八年七月に徳川慶勝が吉田知行など三名を北海道探索に派遣したことに始まる。ちなみに町に命じて適地を探索させた三か月の調査から遊楽部《ユーラップ》が候補になった。この地の川には「ユーラップ川」(遊楽部川)と名付けられている。秋にはサケの遡上する美しい川である。今では川岸には二メートルはある巨大なマーメイド像がある。二十三年前、最初にこの巨大な人魚像を見た時、その「大きさ」に爆笑した。なぜならコペンハーゲンの人魚像を知っている人は初めて見た時に、その「小ささ」に驚くからだ。尾張藩からの八雲町への入植は一八七九年から開始された。一八八二年に慶勝の命名で「八雲町」は誕生した。

八雲町誕生一〇〇年の記念事業として一九八二年から、名古屋大学名誉教授の青木國雄先生らの働きで、八雲町と名古屋市での共同事業の「八雲町民ドック」が開始された。「疫学」の授業での青木教授の質問を今でも思い出す。私たちは青木教授の教授就任後の第一期生だ。衝撃の質問だった。「長谷川君、ガンのようにすぐ死んでしまう病気が難病なのか? それとも、長く生きて苦しむ変形性ひざ関節症が難病なのか?」と。答えは一つではない。本当に熱い講義だった。

私は変形性ひざ関節症がある人とない人を比較して、生命予後を調査した。変形性ひざ関節症があると十五年後に二倍も死亡率が高いことを発見した。「ひざが痛くて十分に歩行できない」と心臓疾患などが原因で死んでしまうという結果だ。適切な治療を受けないと、変形性ひざ関節症は「糖尿病と同じ程度のリスク」で死に至る病なのだ。

私は青木教授に導かれて八雲研究にのめり込んだ。この研究は「人間が好き」でなければできない。そして人間が好きな学長の八田さんをはじめ、耳鼻科医、眼科医まで巻き込んだ総勢七十名もの研究者集団になった。

第三章　私の二本の「デラウェア」のぶどうの樹

出会いは突然やって来た。

わが家の庭に植える秋の花を探して、実家近くの「ナンボ園」という花屋に立ち寄った時のことだ。ちょうどぶどうの栽培の一年のサイクルについて調べている最中の時。関心がなければ間違いなくぶどうの樹の前を通り過ぎたはずだ。

出会ったのは鉢植えの「デラウェア」のぶどう樹。昨年の八月の末、一鉢一九八〇円で衝動的に購入した。二鉢のぶどう樹の選別は房の多さだった。その一週間後には残りの一鉢のぶどう樹も購入した。

昨年夏には名古屋は最悪の四十度も超える記録的猛暑だった。おまけに水やりも怠ったので庭のプランターの日日草も半分は枯れてしまった。しかしぶどう樹は元気だった。

さらに九月の二十一号台風で屋内避難が遅れたために、風の影響でぶどう樹の葉っぱが黄色に色づいた。しかも、その後は二本とも十一月には葉っぱが一枚を残してすべて落葉した。ガイドブックどおり水やりは欠かさなかったのだが。おそるおそる肥料を鉢に加えた。教科書を参考にして枝を剪定した。二月までは枯れたかと思えるほど生命反応は乏しかった。

しかし今年三月の末から四月の初旬には、蕾《つぼみ》から葉っぱが急に開いた。心配は一気に吹っ飛んだ。四月初旬には、葉っぱは買った時の半分ぐらいまで広がってきた。六月には買った時より葉が広がった。おそるおそる摘果もした。初めに買った一本目のぶどう樹には十房ほど実った。二本目には二房しかなかった。私の鉢の選別は正しかったと確信。

八月には紫色にぶどうが色づいた。今年も二歳の孫のアンちゃんにぶどう狩りをお願いした。小さい十房と不揃いのぶどうの粒。一粒食べてみると糖度は許せる程度だが種がある。来年は種なしの実験をしてみよう。十月の二本のぶどう樹は、一度落葉したが葉が再び伸びてきた。来年への準備をしているのだろうと想像した。


「NHK趣味の園芸　よくわかる栽培12か月」シリーズの「ブドウ」(二〇〇〇年発行)という本を、この物語を書くために購入した。

八月に買ったぶどう樹の丈は五十センチメートル。蔓《つる》が見えないほど葉っぱが生い茂っていた。二本とも葉っぱは同じ程度であった。昨年四月に訪れた「播州葡萄園」跡に植えられた「マスカット・ベリーA」の苗木よりずっと元気だ。購入したぶどう樹には、直径五ミリメートルの小粒で紫色の「デラウェア」のぶどうが十房なっていた。ぶどう樹を買う前に一粒こっそり食べた。種がある。ジベルリン処理をしていないからだ。市販のものと比べ糖度が少し低いが美味しい。ぶどうは糖度が十五度から二十度の甘いものが多いとされる。スイカの十三・五度よりは、ぶどうは格段に糖度が高い。

十一月になって葉を落としてしまったぶどう樹に水やりした。作業方法や作業回数は教科書ではわからない。剪定、摘果、水やり、肥料、消毒などを実際に行ってみた。地植えにすれば棚を作る必要もある。失敗を恐れずにぶどうを大切に育てよう。今年は十一月中旬でも二本とも葉っぱが緑だ。

偶然、昨年八月に岐阜県明智村の自宅で、ぶどうを造っている初対面のMさんから小ぶりな巨峰を二房いただいた。ぶどうの粒も色も不揃いだ。選別もされていない。お世辞にも美味しそうとは言えない代物。しかし甘い。しかも種もある。私が「ジベルリン処理をしていない？」と聞くと「自然のままがいいの」と即座に回答。彼女によれば、庭に三本のぶどうがあり、巨峰は二本あると。まだ初物だから糖度が低いと言う。

ぶどうの世話をしていたご主人が亡くなってからは、摘果・剪定などの手入れはしていない。体に良くないので消毒や薬物処理はしない。家族と近所の人におすそ分けするだけで出荷もしないと。ぶどう樹は何年もほったらかし。ぶどうは濃い紫色で粒は小さめであるが適度の酸味があり、結構甘い。ぶどうはこれで十分。商品価値が高いものは、大きく、美しく、甘い。しかし濃厚な農薬散布による健康被害が心配だ。石川県の一粒十万円もするぶどうなど、私には全く縁がない。縁があっても絶対に食べない。「名古屋に住んでいて、なぜジベルリンをご存じなの？」という突然の質問に「ぶどうの研究をしている」からとは言えなかった。「薬品処理をしなくても十分美味しいんですよ」と彼女は言った。答えそびれた私は、声は出さずに小さくうなずいた。

　前にも書いたように「よくわかる栽培12か月」シリーズの「ブドウ」という本は、この物語を書き始める一年前に、ぶどうのことを学習する目的でワインの本数冊とともに購入した。

　裏表紙には「果実の形、色が美しい魅力的なブドウ。つる植物なのでさまざまな仕立て方を楽しむことができます。栽培のポイントは摘房と摘粒」と書いてある。

　ぶどうを育てるために今頃読んで感動した。二本のぶどう樹を観察していると、書いてあることは本当だとわかる。

　この本はB6版で、コンパクトにぶどう造りの魅力・育て方のコツが簡潔に書いてある。著者は芦川孝三郎さんで、元東京都農業試験場長。さすがに専門家だ。ぶどうの樹を育てたいと思いたくなる素敵な本だ。ぶどうの一月から十二月までの一年の生育サイクルと年間の管理作業から始まる。芦川さんの文章から、彼が本当にぶどう好きだと感じた。この本によれば、世界にはなんと一万種類以上のぶどうの品種がある。本には四十種類以上のぶどうの品種一覧が載っている。

　表紙をなくしてしまったので、「よくわかる栽培12か月」のぶどうの本を探しに行ったが、もう書店になかった。新たなシリーズ「NHK趣味の園芸　12か月の栽培ナビ」のタイトルで7が「ブドウ」。著者は望岡亮介さんだ。二〇一七年発行、値段は一二〇〇円＋税。A5判で前回より一回り大きい。前のシリーズと同様にカラーで十二か月の作業が書いてあるので解りやすい。望岡さんは果実品種の向上技術開発に取り組んでいて、機能性成分を豊富に含む醸造用品種「香大農R－1」を作出した。この品種を使ったワイン「ソヴァジョーヌ・サブルーズが注目」とプロフィールにある。

自分でワインまで作ってしまうとは、ワインに対する造詣の深さと情熱を感じた。前シリーズの芦川さんの本と同様に十二か月のサイクルが細かく書かれている。違いは基本作業とトライ（中・上級編）があることだ。ぶどうのトラブルなどもわかりやすい。この二冊を参考書として二本のぶどう樹にチャレンジしてみることにした。

最初に買った吉川さんの本から雑学を引用させていただく。「ブドウの房はどこが甘いか？」という面白いコラムだ。

答えは一房の中では上半分が下半分より甘いらしい。中でも、上半分でも特に上の方の甘みが強いのが普通と。「房の末端の一粒」を食べてみて、甘くて美味しければその房はすべて甘いことになるので合格だ。

では、「一つの粒の中ではどの部分が甘いか？」。答えは果梗のついていない「下半分が甘い」。この知識は「家庭の平和を乱す可能性があるので、自分の胸にしまってほしい」と書いてあるのが微笑《ほほえ》ましい。この真実がメロンやスイカにも当てはまるのかが気になってしまう私だ。

この本の一月から十二月までの要点を、より深くぶどうを理解するために紹介したい。私の所感も記して、自分のぶどう造りの参考書としても役立つことを期待している。特に「何回も注意すべきこと」の水やりは実行している。

一月は冬の寒さの中でブドウが休眠している。今月は、整枝・剪定の時期。ブドウづくりもお正月。春、再び成長を始めるまでの間はその年の栽培計画でも考えながらのんびりと過ごすのもよい。厳寒の時期には整枝・剪定を避けるのが無難。水やりを忘れないこと。

二月は気温が上昇する春先になると、ブドウの内部では樹液が流動し始める。その頃枝を切ると樹液が流出してしまう。整枝・剪定は二月中に終える。水やりを忘れない。

三月は苗木を植えたり、挿し木や接ぎ木を行うなど、作業が本格化する。枝の誘引や支柱立てなどは三月中に行う。苗木を植える時期。庭植は日当たりが良い所を選ぶ。三月中に枝の誘引、結び付けを終わらせる。ブドウづくりに慣れてきたら挿し木や接ぎ木に挑戦。一年に一回の薬剤散布を行う。気温が上昇する三月からはいろいろな病虫害が活動し始めるので、石灰硫黄合剤とベンレート水和剤を混合するのが最も効果的。春先は乾燥しやすいので水やりには十分注意のこと。病虫害のことは心配していなかったが、バッタが葉を食っていた。買ってきたぶどう樹の消毒薬を散布しようと思う。

四月はいよいよブドウが発芽する時期。ブドウの樹を移植したい時には、四月まで待つ。芽が少し動き出してからが安全。ほかの果樹では発芽前の休眠中に行う。ブドウの場合は気温や地温が上昇し、発芽し始めた頃が適期。

五月は芽かきや新梢の誘引、房づくりなど、ブドウづくりで最も忙しい時期。種なしブドウを作るためにジベレリン処理を行うのも五月。開花の直前に房づくりを行う。ジベレリンは日本の学者が発見した植物ホルモン。ブドウの種をなくし、果粒を太らせる作用を持つ。

日本では「種なし」が常識だが、世界はほとんど「種あり」が常識。私は自然のままのブドウが食べたいのでジベルリンは使わないつもりだ。でも一度は試してみようとも思う。ぶどうの多様性も認めていいと思う。「種ありか種なしか」で正当性を問うことなど愚論だ。この薬品の処理で指が紫色になるというコラムを、今年の「リウマチ学会の広報誌」で発見。ジベルリンは園芸店や農協で購入できる。悪い癖で、薬で指が紫になるかも確認したくなる。

また、新梢を使った縁枝つぎもこの季節。たくさん出てきた新梢の芽をすべて残していれば、混みすぎて木のために良くない。気温が上がってくると芽が出て葉が開き、すぐに花穂が現れる。「あまり伸びないうちに芽かきを行う」と書いてある。しかし理屈は判るが、私には、どの芽をどの程度摘むべきかがわからない。

六月は果粒がつき始め、いよいよ楽しみの募る月。果粒のつきを見定めてから、摘粒の作業をする。発育の悪い果粒や病気に侵されている果粒をまず取り除く。多くつきすぎているようなら適度に間引きする。素人の私には「適度」という基準はわからない。「実らせすぎは諸悪の根源」とある。摘粒の作業が済みしだい袋かけをする。病害虫や鳥の害を防ぎ、果実の外観をよくするのにも効果的。新梢の先端部分を摘心する。

七月は適当に整えられた果房がどんどん肥大してくる月。また新梢の伸びが止まり、木質化が進んでくれば順調な証拠。来年の成長・収穫に影響するので樹勢を整えるために摘心を行う。果粒が最も盛んに肥大する時期。と言っても果粒は少ない。七月の半ばには梅雨も終わり、本格的な高温乾燥の季節になる。毎日水やりは忘れないで行う。今年も二番目に買ったぶどうが水不足で葉が黄色くなった。

八月は早い品種では収穫期になる。昨年の八月は二本の樹から小さなぶどうを七房収穫できた。こんな小さな樹でも「デラウェア」は甘い。今年は粒がやや大きいので味も期待している。暑さや強い日差しから守り、害虫に注意して日常管理を忘れないようにしよう。よく熟したものから摘み取る。ブドウトラカミキリムシの産卵期。収穫が終わったら殺虫剤を一回散布すると効果的。私は一回も殺虫剤はやっていない。今年の夏には三センチメートルの幼虫発見。ゴキブリ用の殺虫剤で撃退した。

九月は収穫の終わる頃。ブドウはもう次の年に向けてのスタートを切っている。厳しい冬にも耐えられる十分な力を蓄えさせる。七月はまず収穫物に関する感謝の気持ちを込めてお礼肥をする。これによって、ブドウの樹は元気を回復して、来年の生産に向かってよいスタートが切れる。と書いてあるが、肥料の量が判らない。昨年の台風二十一号は強風で関西空港の連絡道路に船が衝突し、一時空港島に何千人もが閉じ込められた。この台風でわが家の二本のぶどう鉢植えは室内へ避難した。そもそも葉っぱが大きく重心が高いので、弱い風でも鉢が何度か倒れた。

十月は先月に続いてブドウは冬支度をする。この月のブドウは栄養分の蓄積時期。今貯めこんでいる養分は厳しい冬の寒さから身を守り、来年に発芽してから葉が五、六枚開いて活動するまでの間、つなぎの養分として使われる大切なエネルギー源となる。

十一月はブドウの葉が紅や黄色に美しく色づいて落ちていく時期。ブドウの葉にはいろいろな病気がついている。深さ三十センチメートルくらいの溝を掘って埋めると、病気の予防と有機質の補給となる。十一月半ばから元肥を施す。しかし適度の肥料が解らない。肥料は少なめにしておく。

十二月は寒さ対策の必要な季節。枝が眠っている間に、整枝・剪定を行う。整枝は樹姿を整えることと、剪定とは細部にわたって枝の切り方を示す言葉。剪定の一語で両方の意味を表すと考えてよい。

諸外国に比べて、日本では狭い面積で高品質の果実をたくさん収穫するために、剪定技術が高度に発達したらしい。私のぶどうは一月になったが、切りすぎが怖くてまだ剪定はできない。しかし二月にテレビで甲州でのぶどうの枝の剪定風景を放送していたので、おそるおそる剪定した。

以上の一年間のぶどうのサイクルを、購入した二本の「デラウェア」で確認している。ためらいながら整枝・剪定もしてみた。今年の猛暑で二本とも八月末には多くの葉が枯れた。今年の十月は台風が襲来するので二回目の室内退避をしている。幸い枯れた葉は再生し緑になっている。ぶどう樹の世話をすることで、日本ワインの歴史が始まった甲州の祝村からフランスへ留学した高野・土屋の二人の青年のぶどう造りへの情熱への想いを馳せている。

毎日の楽しみは、通勤で二か所のぶどう畑の前を通ることだ。近鉄河内国分駅から大学への道端に、一つは温室栽培、もう一つは露地栽培。定点ぶどう観察のポイントだ。条件の違いによるぶどうの生育の差を観察しながら歩いている。

第四章　日本のワインはシルクロードを経由して来たのか？

次に紹介するぶどうの品種は日本ワインに使用される。「甲州」は、白ワイン用の日本固有のぶどう。甲州ワインは日本を代表するワインとして世界的に注目されている。熟すと薄い灰色がかったピンク色（紫紅色）になる。果粒の大きさは中程度で、古くから生食用とされてきた。明治時代からはワイン醸造用として用いられるようになった。二〇一一年の栽培実績は三〇二ヘクタールで、その九十パーセント以上が山梨県で生産されている。次に解説する「シャルドネ」などと比べて日本の高温多湿な気候に適していて、比較的病気に強い。今や甲州ぶどうで造られたワインは、国際的にも高い評価を得ている。

ぶどうの分類は、①ヨーロッパぶどう（「カベルネ・ソーヴィニヨン」「シャルドネ」など）、②アメリカ系ぶどう（「デラウェア」）、③野生ぶどうに大きく分かれる。さらに生食用やワインぶどうとして、種々の交雑種が造られている。

ＤＮＡの解析から甲州ぶどうのルーツはシルクロードを通り、中国を経由して伝えられたことが証明された。私が驚いたのは、ぶどうはヒトのミトコンドリア遺伝子多型と似ていることだ。ミトコンドリアの遺伝子多型による病気は医学界ではよく知られた事実。医師である私は、もちろんこの仕組みをすでに知っていた。これは、後で詳しく説明する。

シルクロードを通り、中国を経由して伝えられたことの発見は、『エヌリブ』（ＮＲＩＢ）という酒類研究所広報雑誌（二〇一五年三月五日発行）に解説されている。雑誌といってもわずか四ページだ。これは日本醸造協会技術賞を二〇一四年に受賞した後藤奈美さんの研究。要点を紹介すると甲州ぶどうの由来は、奈良時代に行基が薬師如来から授けられたという説と、平安時代末期に雨宮勘解由《かげゆ》が見つけたという説がある。どちらも伝説。信憑性には疑問がある。しかも甲州ぶどうのルーツは諸説あり、ヨーロッパぶどうの「ビニフェラ」ではないという意見もあった。

そこで日本の後藤さんは、アメリカの研究チームとの共同研究によって詳細に甲州ぶどうのＤＮＡのルーツを解析した。解析結果は、後藤さん自身が発表した「『甲州』は東洋系の『ビニフェラ』に分類される」という彼女自身の学説を完全に否定することになった。この結果から、「ビニフェラ」が生まれたコーカサス地方（黒海とカスピ海に挟まれた地域）からシルクロードを経由して、中国、朝鮮半島を経由して日本へもたらされたと推定した。遺伝子解析法は読者の皆さんには少し難しいかもしれないが、雑誌の内容に沿って簡略に解説する。

まず遺伝学の基礎知識を確認しておこう。ワトソンとクリックが発見したＤＮＡの塩基配列はすべての動植物に当てはまる普遍的な法則だ。ぶどうでもＤＮＡの塩基配列（Ａ、Ｃ、Ｇ、Ｔ）は品種が変わっても大体同じになる。しかし、ところどころＡとＣが入れ替わっているような違いがある。これを一塩基多型（ＳＮＩＰｓ＝以下スニップ）と呼ぶ。人間でいうと一人一人の違いのような、近い関係にある生物の違いを研究するためスニップは使われている。近年ヒトゲノムの遺伝子はわずか二パーセントにあり、残りの九十八パーセントは意味がないクズと考えられてきた。しかしこの残りの九十八パーセントこそ、人間の多様性を生み出す重要な情報であることが最近解ってきた。

甲州ぶどうのスニップ解析をすることで、「甲州」がどのぶどうと近い関係にあるかを詳細に調査した。スニップ解析に基づくぶどう品種の散布図を示された。距離が近ければ近縁であることを示している図から、「甲州」は「ビニフェラ」の近くにあることが解った。しかし、やや東アジア系野生種寄りに位置していることも解った。スニップ解析に基づくぶどう品種の散布図の横軸の距離から「ビニフェラ」が七十一・五パーセント、東アジア系野生種が二十八・五パーセントの位置となった。つまり「甲州」には東アジア系野生種の遺伝子が入っていた。少し難しくなるが、さらに遺伝子の解析結果を報告する。

「甲州」はどうやって生まれたか？　の疑問に対しては、核ＤＮＡと葉緑体ＤＮＡの解析によって解答が得られた。核にあるＤＮＡは父方のＤＮＡと母方のＤＮＡが半分ずつ交ざり合って子に受け継がれる。葉緑体のＤＮＡは母方由来のものが遺伝する。解析の結果は「甲州」の葉緑体のＤＮＡは「ビニフェラ」ではなく東アジア系野生種で、中国南部に生息する野生種「ビティス・ダビディ」の系統とほぼ一致した。スニップ解析だけでは「甲州」が「ビニフェラ」の中の変わり者である可能性も否定できない。しかし葉緑体ＤＮＡの解析からは「甲州」には東アジア系野生種の「血」が入っていることが確定した。「ダビディ」が母方の祖母。「ダビディ」は「トゲブドウ」とも呼ばれ、枝にたくさんのトゲがある。「甲州」の枝の付け根にも小さなトゲがあり、これはお祖母さん似となる。

以上のように「甲州」は「ビニフェラ」と東アジア系野生種「ダビディ」の種間雑種だ。割合としては大部分が「ビニフェラ」で、残りは「ダビディ」だ。「甲州」はカスピ海付近で生まれた「ビニフェラ」がシルクロードを経由して中国を通り、何百年、何千年の歳月をかけて東アジア系野生種と交雑しながら日本へ伝わった。「甲州」の起源は雄大な歴史と文明を示すロマンチックなストーリーになった。

この遺伝子多型のトピックスはカタシモワインの高井さんから直接聞いた。正直大変な驚きだ。なぜなら植物の葉緑素のＤＮＡは、動物のミトコンドリアＤＮＡと同じだと直感したからだ。さらにミトコンドリアは、ヒトのエネルギー産生にかかわり、動物にとっては細胞内小器官だ。葉緑体は光合成を行う植物にとって重要な小器官。葉緑体は中学校の教科書に出てくる「水＋二酸化炭素＝でんぷん＋水」の化学反応を行う。私も中学生の頃は正確に化学式が書けたが、今ははなはだ怪しい。

ヒトのスニップ解析は論文が量産できた。北海道八雲町の疫学研究で、変形性ひざ関節症とアイエル・ワンベータ（IL1β）のスニップが発症の危険因子であることを私は発見した。この研究はＫ先生の博士論文となった。同じスニップ解析で骨粗鬆症《こつそしょうしょう》になりやすいスニップ異常も見つけて、これはY先生の博士論文になった。スニップ解析は、二十年以上前からヒトでは多用されている。論文量産にはとても都合が良い。

しかし私も科学者だから真実を言おう。スニップ解析は結果が出る。本書の「はじめに」で述べたように、統計的な有意差の意味づけは困難だ。世の中は甘くはない。「本当にどのような意味があるか?」を真摯に熟考することが必要になる。

人には体細胞の遺伝子と、ミトコンドリアの遺伝子がある。植物では葉緑体の遺伝子と同じだ。これも母親から遺伝する。私の同級生で生化学が専門のT君から、ミトコンドリアの遺伝子のスニップ解析を頼まれた。彼は百歳姉妹の「金さん・銀さん」の長寿遺伝子はA型であることを解明した。「C型は変形性ひざ関節症が危険因子である」と論文に書くのに十分な数百例のデータが集まった。ところがサンプル数を一〇〇〇例以上にしたところ、統計学的な有意差がなくなった。残念ながら大学院一年間で終了する計画のW先生の博士論文はここで頓挫《とんざ》した。私の指導した研究で三匹目のドジョウは捕れなかった。血液サンプルを集めただけで博士論文になるなんて、世の中そんなに甘くはないのだ。後で述べるが、昨年のアイスランドの北欧整形外科学会で「統計学的に有意であっても、その意義を解釈することに慎重である」とする抑制的な講演とつながる。最近のデータでは、ミトコンドリアの遺伝子解析の研究から日本人のルーツも詳細に解析されている。

正倉院のぶどうの埋蔵物の解析から、滋賀県で葡萄酒が造られた可能性があると考えられている。カタシモワイナリーの高井さんもその意見の賛同者だ。渡来した百済人も多く住んでいた。柏原市は奈良への出入り口なので、ぶどうの種も一つや二つは落ちたかもしれない。断定することはできないが、柏原市のぶどうは日本で最も古いぶどうの一つである可能性がある。これには柏原のぶどうのルーツを知るためにも正倉院のぶどうの種の遺伝子解析をする必要がある。

日本で多く栽培されているぶどうについて書くことにする。内容は『dancyu合本　ワイン。』の三十七~四十四ページを参照した。この本の値段は一二〇〇円+税と安く、さまざまな点からワインを捉えている優れた本だ。特に造り手の意見を造り手の言葉で書いてあることは感動的だ。表紙は白く愛想はない。一見するだけでは中身の濃厚さは判らないところが憎い。是非一読をお勧めする。日本には多数のワイナリーがあり、日本特有の品種からヨーロッパ系品種まで、それぞれの特徴が解れば日本のワインがより美味しく魅力的になるのは間違いない。普通は赤ワインからの紹介が多いのだが、まずは白ワインから紹介する。まず何といっても日本ワインを代表する「甲州」から始めよう。

「甲州」は一〇〇〇年近い伝統を持つ唯一の伝統品種だ。日本人にとって最もなじみ深く、日本でワインの原料となる量が最も多く、年間三〇〇〇トンになる。

やや灰色がかった紫色の甲州ぶどうから造った甲州ワイン。この甲州ワインはヨーロッパやアジアへも進出し、注目を集めている。香りはほどほどだが味わいに厚みがあるとされる「シュール・リー」(澱《おり》を取り除かずに寝かせる製法)が標準。この章の冒頭に書いたように、はるばるユーラシア大陸から伝わったとされる。「甲州」は山梨勝沼一帯での栽培が始まりとされる。栽培面積は九十パーセントを山梨が占める。大阪、山形からも個性豊かなワインが登場している。柑橘系の香り、煮リンゴの香り、透明に近い色合いなど多種ある。気取りのない味だから家庭料理、特に魚介類に合う。

「デラウェア」は夏のはじめに店頭に並ぶ薄紫色のぶどうだ。アメリカ合衆国原産の自然交雑種。オハイオ州デラウェアで一八五五年に命名された。私は大西洋岸中部のデラウェア州だと勘違いしていた。ちなみにデラウェア州は一七八七年十二月に建国にかかわった十三州のうち、アメリカ合衆国憲法を最初に批准したので「ファースト・ステート」と呼ばれている。

「デラウェア」は一八七二年に日本へ初めて輸入された。一八八六年に山梨県奥野田村（現在の塩山市）で本格的な栽培が始まった。日本での一五〇年近い栽培の歴史があるのは日本の風土に適しているからだ。北海道から九州まで広く栽培されている。

多くの人、私も含め「デラウェア」は食用と思っている。私の小さな孫たちも油断していると「デラウェア」の大きめの一房を食べてしまうほど好物だ。

私の大学の正門を出て右側一〇〇メートルにある直売店で、安くて新鮮な「デラウェア」と「ピオーネ」を買った。この店では六月から八月まではスーパーより安く買えるし、「ピオーネ」を買うと「デラウェア」を一房おまけしてくれる。

日本では「デラウェア」で造られるワインは約五〇〇種類もある。ワイン醸造に使われる量は日本で四番目に多い。糖度の高い香り豊かなワインが造られる。近年各ワイナリーがスパークリングワインを続々と作り出している。松茸などの香ばしい香りの日本の食材に合う。カタシモワインの代表的な「たこシャンワイン」はスパークリングワインで、切れ味が良くすっきりと爽快だ。仲村わいん工房のデラウェアや河内ワイン・デラウェアのワインの特徴は、柑橘系の香りが強く、優しい口当たりで私も大好きだ。

「ソーヴィニヨン・ブラン」は傑出した個性を持つ芳香だ。そして世界的にも人気が高い。このワインには一度体験すると忘れられない芳香がある。日本での栽培は少ないが、北海道、青森、長野などの冷涼な地域で造られている。

メルシャン、サントリー、マンズワインなどの大手も上質なワインを発売している。日本の「ソーヴィニヨン・ブラン」には本場のガツンとした香りのインパクトは少ないが、上品な押しつけがましくない香りが特徴である。料理との相性は幅広い。

「シャルドネ」は世界で最も有名な品種だ。フランスのブルゴーニュ地方のシャルドネ村が発祥とされる。

「シャルドネ」は熟すと透明度が増し、種が透けて美しい。ヨーロッパ系品種で栽培面積は世界第二位。日本ではヨーロッパ系品種としては栽培面積が一位、収穫量は「メルロー」に次いで二位。

日本では一九八〇年代前半に、ほかのヨーロッパ原産のぶどうとともに本格的な栽培が始まった。一九九〇年代に入ってから各地に広まった。今では南は宮崎県、熊本県、北は北海道でも作り手が増えている。

「シャルドネ」は適応力があって比較的育てやすい。はっきりとした香りはないが、しっかりした芯を持ち品格を感じる。育つ土地の気候や土壌、そして作り方によっても姿を変える。冷涼な気候ならレモンなどの柑橘系の風味が生まれ、暖かさが増すと白桃、トロピカルフルーツと風味が変わる。日本国内だけでも土地ごとの個性が味わえて楽しい。

「ケルナー」は華やかな香りが特徴のドイツ系品種だ。花、柑橘系の果物、さらにはジンのような華やかな香りが溢れる。

一九六〇年代にドイツで交配育種されたぶどうだ。この地で一世を風靡《ふうび》した。日本でもこの十年で栽培面積は倍近くに増加した。寒冷な気候を好む「ケルナー」は北海道で最も広く栽培されている。華やかな香りと豊かな味。かつては甘口が多かったが、近年は辛口になっている。

豊潤で清涼感がある「ケルナー」は、日本人の食生活とすんなり合う。私が一九八〇年代後半に初めて飲んだワインだ。すっきりしていて飲みやすい。この頃はドイツワインがなぜか人気だった。

そのほかの白ワインは割愛する。詳しいことは専門書を参照してほしい。次いで赤ワインを紹介する。

「マスカット・ベリーA」は、造り手の努力で評価が急上昇中の日本固有の交雑品種だ。昭和の初めに日本のワインの父と呼ばれる川上善兵衛が、日本のワイン造りのために交雑した品種。

川上善兵衛は一八九〇年にぶどうの研究を始めた。ワイン製造の観点から日本の風土に合った「マスカット・ベリーA」を開発したのは一九二七年だった。三十年もの歳月を要した。「ベリー」と「マスカット・ハンブルグ」を交配して造られた。

日本の赤ワイン用品種の中では最も多くワインに仕込まれている。私にとってはちょうどいい渋みと酸味で飲みやすい。私が赤ワインの基準にするために試飲している品種だ。北は岩手県から南は宮崎県まで栽培されている。

アメリカ系品種の流れも引くこのぶどうのワインは、くどさを感じる甘い香りが強烈だったり、人によってはヨード臭いと例える独特な香りがすることがある。渋みはとても穏やかで、赤ワインを飲みなれていない人にも飲みやすく仕上がるが、ワイン通やあるいは造り手たちにも軽視され続けていた。

収穫量の削減、収穫時の見直しで、濃密さを感じさせる黒カシスの香りのぶどうを収穫するようになった造り手も増えつつある。フレッシュなイチゴのような香りの赤ワインやロゼワイン。二年以上樽で寝かせた赤ワインやスパークリングワインなどがある。甘いソースを使った料理と相性が良い。今まで三十数種類の「マスカット・ベリーA」を私は試した。

「メルロー」の日本の造り手は自然な味わいを目指す。日本では一九八〇年代になってヨーロッパ産のぶどう栽培が本格的に始まった。

ヨーロッパ種の中でも日本各地で広く栽培されているのが「メルロー」だ。日本ではヨーロッパ系品種の栽培面積は「シャルドネ」に次いで二位。収穫量は一位。日本各地の造り手が自ら自社農園で育てることが多い。

このぶどうはフランスを代表するボルドー地方のワインで世界的に有名。日本ではヨーロッパ系の赤ワイン用品種は栽培が難しいと考えられてきた。熟させるのが困難で青臭くなってしまうと思われてきたのだ。日本の「メルロー」は軽やかに感ずるかもしれない。

第一印象はとてもやさしく、シルクのような口当たりで渋みも柔らかで、ベリー系の果実やさまざまなドライフルーツのような香りが次々と立ち上がる。

「ピノ・ノワール」は栽培農家の長年の努力による魅力的な品種だ。フランスのブルゴーニュで銘醸ワインを生み出す品種。日本では「ピノ・ノワール」らしいワインはできないと思われていた。近年北海道余市、岩見沢、三笠、長野県東御など寒冷地に造り手が増加している。「ピノ・ノワール」は芳香と繊細で奥深い味わいを持っている。赤ワインでは一番和食に合うとされる。

以上、ほかの赤ワインは専門書を参照してほしい。

第五章　国産ワインが好きです

前の章で紹介したように、私は二〇一八年の六月十一日から十八日までアイスランドでの北欧整形外科学会に出かけた。

私がルンド大学の名誉医学博士になって初めての北欧の旅。六時間以上の長いフライトは大嫌いな妻を丁寧に説得して八年ぶりの長旅ができた。

さらに長旅になったのは、コペンハーゲンからレイキャビクまでのアイスランド航空のフライトがキャンセルになったからで、ゆっくり温泉に入る予定が、一泊はコペンハーゲン中心部のラディソンホテルで過ごすことになってしまった。キャンセルの理由はよく解らなかった。ただ補償として一泊の宿泊と一人当たり一五〇ユーロが支給された。急ぐ旅でもないので許すことにした。

まずニューハウンに行って日の長い午後にビールを飲みながらサーモンのムニエルを食べた。六月中旬なので午後十時まで日は沈まない。ただし翌朝七時発のフライトなので午前四時にチェックアウト。わずか三時間の睡眠しかとれなかった。

アイスランドへ行くことになった経緯を書いておく。

ハンスと彼の妻インガとの最後の再会は、二〇一六年四月中旬に私が主催した名古屋ニューグランドホテルでの「名古屋大学・ルンド大学交流三十周年記念国際シンポジウム」への招待で、それ以来二年ぶりだった。

シンポジウムの前半には講演と金沢と能登和倉温泉、飛騨白川郷・奥飛騨穂高岳の、後半は広島宮島・道後温泉の周遊を計画した。私の後輩で、ともにルンド大学へ留学した浜松医療センターのI先生と岡崎市民病院のT先生が、ハンスとともに後半は同行してくれた。

私と私の三女が計画した前半の兼六園は、着物を着た彼らを満開の八重桜が歓迎してくれた。三女は私が留学中に誕生したので今年で三十四歳になる。旅行が計画以上に大成功だったのは天候と娘、そして孫のおかげだ。和倉温泉はお湯が最高だったし、穂高の頂上の天気も快晴。頂上の気温は零度。スウェーデン人に和菓子造りや習字を経験させる体験型観光のシナリオが抜群だった。それ以上に文化のある金沢の選択が最高だった。和菓子造りや習字を教える人たちも創造する楽しさを堪能させる術に長けていた。お手本があっても、作品は自由でいいとする発想だ。どんな書き順でも良いのだ。金沢は国際都市として洗練されていると感心した。

実はこの時に、二年後のアイスランドの学会への参加の誘いを受けた。ルンドに留学した頃にアイスランドは遠すぎると思っていた。夏の白夜に近い時期だから昼間は長いことだろうとも思って参加を決めた。

私たちの飛行機は、前にも書いた往復航空券が約十五万円のエコノミー・プラスだ。エコノミー・

プラスは、エコノミー・クラスと比べて少し料金は高いがサービスは良い。長距離旅行が苦手な妻を気遣って成田に前泊。スカンジナビア・エアーライン（ＳＡＳ）でコペンハーゲンを経由してアイスランドのレイキャビクまで十八時間の行程だった。

成田空港で出発直前に買い込んだ二冊は、ガイドブックの『地球の歩き方―アイスランド』と、日本のワインについて書いてある『dancyu 合本　ワイン。』。以後は『合本　ワイン』と記載する。この本からワインを半分は紹介した。残りの内容についてはあとで詳しく紹介する。

アイスランドは北緯六十六度、西経二十度にある。私はロンドンから真北にアイスランドがあると思い込んでいた。ロンドンから北西二〇〇〇キロメートルもの距離がある。暖流の影響で緯度の割に温暖とされる。

しかしガイドブックには、六月の平均最高気温は摂氏十三度とある。この事実に絶句。なぜなら日本は六月にすでに摂氏三十度を超えた。慌てて夏用の半袖をすべてトランクから放り出し、セーターや長袖を詰めた。

実際のレイキャビクの気温は毎日の最高温度が十度だった。外出にはダウンジャケットが必須だった。この天候は自虐的に言えば学会参加には良い。なぜなら天気が悪ければ参加者は学会場にいることになるからだ。滞在した七日のうち晴れたのはわずか二日間。五日間は多かれ少なかれ雨だった。

学会の参加者は約五〇〇名。最新の話題の情報を英語で得ることができたし、ハンス夫妻らと四日間も話すことができた。特別講演の一つは『サイエンス』に掲載されたアイスランド人の「関節症の遺伝子解析」の研究で、世界的に有名だ。三十五万人の全住民のルーツを遺伝子解析で調べることができる。

もう一つの特別講演は「科学論文の統計学は信じられるか?」という頭が痛くなる課題だ。「統計学的有意差があることは本当に意味のあることか?」という統計学者の講演だったので、人の研究の統計学的検討に対する厳しい意見だった。

三年前に訪問したエストニアのサルーナス教授とも会った。彼は身長一九〇センチの巨漢だ。私の紹介でリサーチ・フェローとして留学した岡崎市民病院のT先生との共同研究者だった。サルーナス教授は「奥様が作ってくれたお弁当が美味しかった」と大柄な彼が目を細めて話した。T先生の奥様にお礼を伝えてほしいと。

日本では超有名で世界的な運動「骨と関節の10年」の提唱者のラールス・リドグレン名誉教授夫妻とも話ができた。

先日亡くなった国連のアナン事務総長への働きかけで、世界の約八十か国でこの運動「骨と関節の10年」が展開された。私はこんなに偉い人とも親密な知人になった。会話の中で来年に名古屋大学とルンド大学の交流としてフレビック博士を招待することが決まった。私が彼の来年の留学の調整役を任された。

アイスランドの雄大な美しい大自然、ユーラシアプレートと北米プレート(プレートテクトニクス）そしてエイヤフィヤトラヨートル火山。無数の湖、滝、海岸、間欠泉、温泉（温泉プールをバスで通過）などを満喫。アイスランドは北海道と四国を合わせたほどの約十万平方キロメートルで、イギリスのグレートブリテン島とほぼ同じ面積だ。

最近の調査で海外の観光客数は二二〇万人で、人口の六倍もある。おまけに物価も驚くほど高い。国産ガル（Gull）の瓶ビール三三〇ミリリットルが約一〇〇〇円。オレンジジュース八〇〇円。グラスワインも一〇〇〇円もする。ワインを注いでくれるとさらに五〇〇円も高くなる。

滞在中に、ロシアのＦＩＦＡワールドカップにアイスランドが出場していた。この日の試合は六月十六日現地時間十三時から約三時間。試合が中継されていて広場といわず、町中が盛り上がっていた。広場のパブリックビューの大スクリーンの前には、大雨にもかかわらず数百人が集合し叫んでいた。外は土砂降りの雨だ。私たちは折りたたみの小さな傘しかないので靴の中もずぶ濡れになった。気温は十度。雨に濡れるので体感温度はずっと低い。しかし試合観戦は蒸気が出るくらいの熱気だった。

試合はアルゼンチンに一対一で引き分けた。昼食時なのに店員がテレビ観戦のため注文を取りに来ない。日本の新聞報道ではテレビの視聴率はなんと九十九・六パーセント。残りはピッチにいたとのジョーク。アイスランド・チームの合言葉は「不可能なんてない」だ。残念ながら、アイスランドはこの引き分けの後は全敗してしまった。

レイキャビク大学のオットー教授が主催した本学会の晩さん会では、フランスの赤ワインと白ワインが出されたが、隣にいたエストニアとリトアニアの若い先生との話に夢中になっていて、多分ボルドーだったことは憶えているが、不覚にも話に夢中でワインの名前と産地のチェックを忘れた。大失態。サーモンの料理が美味しかったことは憶えているが。

出発時に『地球の歩き方―アイスランド』と一緒に買った『合本　ワイン』の内容を紹介する。ワインの種類の紹介ではこの本に沿った。帰ってから読んで素晴らしい本であることを発見した。「ワインバーだけでなくレストラン、居酒屋、和食店など幅広い店でも日本のワインが置かれるようになっています。とはいえ、よく知られているのはほんの一部。今、日本全国でワインが造られ、多様な味わいのものが登場して、品質も急速に向上しています。日本のワインをもっと知るために、注目のワイナリー、ぶどうの品種、日本におけるワインの歴史などをご紹介します」と書いてある。

おそるおそるページをめくった。著者らが選定した世界に通用する九十九本のワインの中に、すでに紹介した、本書の主役の一人の高井さんが造る大阪ワインの「たこシャンワイン」（カタシモワイナリー）と、仲村わいん工房の「手造りわいん　さちこNV」の二本が入っていた。感動。この本では、ちなみに九十九本の中に山梨県二十四本、長野県二十二本、山形県十三本、北海道十一本が入っている。私の予想どおり。この四県で約七十パーセントを占めている。ほかの雑誌でもこの二社のワインがランクインしていた。

『合本　ワイン』の二十六ページから二十九ページまでは、日本ワインの歴史が書いてある。一八七四年に山田宥教《ひろのり》と詫間憲久《のりひさ》が共同でワイン製造を始めたことは後で詳しく紹介する。甲州ワインの歴史だけでなく、川上善兵衛が新潟県の「岩の原葡萄園」を開設してヨーロッパのぶどう苗木を植栽したこと、さらに一九二七年に川上は「マスカット・ベリーA」、「ブラック・クイーン」など日本独自の改良品種を開発したことが書かれている。私の患者さんでソムリエ兼司会業をしているNさんは、川上善兵衛が日本のワインの創始者だと即座に答えた。浅学の私は「残念でした」と言ってしまった。日本のワインの歴史の中で山田宥教と詫間憲久がワイン製造を始めたことなどは、川上と比べれば大きな業績ではないことは今ならわかる。

この本の最終章を書いているときになって、私は川上善兵衛の業績を過小評価していたことに気づいて恥ずかしくなった。

その時はNさんが「ワインの歴史をよく知らない」のだと私は断定してしまった。間違えていたのは私だ。というのも『大阪ワイン物語』を私が書き始めた時に、まず甲州のぶどうから資料を収集していたからだと弁解したい。

川上善兵衛の挑戦は雪深い新潟県上越市の自宅庭園に鍬《くわ》を入れたことに始まった。一八九〇年のことだ。勝海舟からぶどう造りの薫陶を受けたとはいえ学歴もなく、ワイン造りは新潟の五十町歩（五十ヘクタール）の大地主の単なる道楽に過ぎないと思い込んでいたからだ。

彼は甲州をはじめ各地のぶどう栽培を見学したという。ワイン製造の観点から日本の風土に合った「マスカット・ベリーA」を開発したのは一九二七年だ。三十年近くもの歳月を要した。これを代表に多数のぶどうの品種を開発したのには彼の革新性があった。「ベリー」（母）と「マスカット・ハンブルグ」（父）を交配して造られた。歴史は間もなく一〇〇年となる。二〇一三年に国際葡萄・ワイン機構（ＯＩＶ）に品種登録された。逆転の発想で雪室を造り、冷蔵だけでなくワインの醸成とともに炭酸ガスの環境負荷を低減する環境保全活動にも取り組んでいる。川上善兵衛が日本のワインの創始者だというＮさんは大正解だ。しかも独学で日本のワイン造りの多くの基礎を造ったことは感動だ。実は今はコメどころになっている新潟平野での米の収穫量が、当時は少なかった事実にも驚いた。

それ以前の一九〇七年に鳥井信次郎が「赤玉ポートワイン」（現在の「赤玉スイートワイン」）を発売して人気を博した。私も次には「味覚の老化を科学的に検証する」ためにこのワインを試飲したい。一九三四年当時サントリー（当時は「寿屋」）は、前述の「株式会社岩の原葡萄園」の共同出資者というつながりがあった。

一九八〇年代後半からボジョレー・ヌーボーがブームになった。毎年十一月二十三日に開催される名古屋大学整形外科同門会でも、赤ワインを飲むのがいつしか慣例となった。この会合は名古屋大学関連病院・施設に属する整形外科医の集まりだ。東京帝国大学出身の名倉重雄先生によって名古屋大学に整形外科が開設されてから、間もなく一〇〇年となる。会員数は一〇〇〇人近い日本有数の巨大な整形外科医の組織だ。毎年の同門会の参加者は一三〇人程度。二十八年間連続参加していた私は、ボジョレー・ヌーボーの若くて渋みのある粗造りの赤ワインを楽しみにしていた。

日本のワインが国際的に認められた歴史を書いておく。一九八九年にシャトー・メルシャンの「桔梗ケ原メルロー1985」がシュブリアーナ国際ワインコンクールでグランド・ゴールドメダルを獲得。一九九七年にはボルドーの国際ワインチャレンジでシャトー・メルシャン「城の平カベルネ・ソーヴィニヨン」がゴールドメダルを獲得。一九九九年には小布施ワイナリー自社畑製一〇〇パーセントのシャルドネ「ドメイヌソガ　シャルドネ 1er cru」がリュブリアーナ国際ワインコンクールでゴールドメダルを獲得。二〇〇三年、第一回国産ワインコンクールが山梨県で開催され、小布施ワイナリーの「ドメイヌソガ　シャルドネ2002」が金賞を受賞。第九回ヴィナリーインターナショナル2003にて勝沼酒造の「甲州特樽醗酵2002」が銀賞を受賞。続いて第十回ヴィナリーインターナショナル2004にて勝沼酒造の「勝沼甲州樽醗酵2002」が銀賞を受賞。

一九八〇年代から日本ワインが世界的に注目されるようになった。日本のワインが世界に認められるだけでなく、山梨、新潟、北海道、青森など各地でのワイナリー設立も相次いだ。やっとワインが日本の文化となってきたと言える時期が到来した。さらに都農ワインの「キャンベル・アーリー」が『ワイン・レポート二〇〇五年度版』で「日本で最もお買い得なワイン」の一位に選ばれた。

二〇〇四年にフランス・ロワールのビオディナビ農法推進者のニコラ・ジョリーが山梨で講演した。月の運行などを考慮する自然農法だ。その後は有機農法的なアプローチは各地に広がった。世界的な流れを受け、自生酵母による自然な醸造に取り組む醸造家も増加傾向にある。日本ワイン人気に伴い、異業種からの参入組のワイナリー、農業者のワイナリーも立ち上がった。北海道や長野を中心として、将来のワイン造りを目指してぶどう園開園の動きも活発化した。

二〇〇八年には山梨県北杜市をはじめ、長野県東御市、高山村、北海道余市市などが「ワイン特区」の認定を受けた。ごく少量でも醸造免許が取得可能となった。各地に点在するＪＡや地方自治体経営のワイナリーや第三セクターのワイナリーにも変化が生まれた。現場担当者の提案を契機に醸造法を変えたり、新しいワインが造られたりするケースが増えて、格段に上質なワインが登場するようになった。

第六章　殖産興業としてのワイン造り

富国強兵と殖産興業は、明治政府の国是（国としてすべきこと）であった。稲作に適さない荒地を開墾してワインを造ることが推奨された。本章では一八六九年の「版籍奉還」と日本のワインの関係について述べる。「版籍奉還」による税制の大改革である地租改正が、間接的にワインの歴史につながった。

ワインと大きく関係した地租改正の具体例は、兵庫県稲美町にあった「播州葡萄園」の設立だった。「播州葡萄園」は明治時代にあった官営葡萄園およびワイナリーだ。殖産興業策による国家プロジェクトとして一八八〇年に兵庫県加古郡印南新村（現在の加古郡稲美町）に開設された。「播州葡萄園」と聞くとオシャレな印象を受ける。しかし完全に忘れ去られていた葡萄園は約一〇〇年後に発見されて、センセーショナルに報道された。

一九九六年に醸造所があったと推定される煉瓦積みやガラスビンなどが発掘されて忽然《こつぜん》と姿を現した。発見からすでに二十年経過しているが、葡萄園の詳しい歴史は解っていない。

稲美町が葡萄園を誘致する運命的な出来事があった。経済基盤の変化である「地租改正」によって農地の課税が重くなった。年貢で物納した江戸時代とは異なり、明治になると地租改正によって米などを売って地租はお金で支払う必要が生じた。つまり農村も無理やり貨幣経済に組み入れられた。稲美町の農民がワイン造りに関与しなければならなかった歴史と、ワイン醸造「播州葡萄園」が完璧に住民の記憶から消えてしまった理由は次のように考えた。

農民は国策としての商品価値が明確でない「ワイン造り」よりも、商品価値の高い「米作り」を求めたからだ。前田正名《まさな》が「米だけの農業からの脱却」を訴えていたのとは正反対の主張だ。庶民は西欧文化であるワインの価値を理解できず、「ワインの文化」を日本に根づかせるのは難しかった。欧米人が日常的に飲んでいるからという理由で、ワインを飲ませることなど不可能だった。この「播州葡萄園」については後で詳しく述べる。

私はこの物語を書く時に『図説日本史通覧』(帝国書院　二〇一四年発行)を参照した。この本は普通高校の教科書の補助資料であるが、大量にデータが集積されているのが感動的。全部理解するには多すぎる量だ。しかも定価は八六一円+税と安い。この本をめくっていると、歴史は本当に面白いと感じる。この本の「農村の一年」の中に十七世紀の商品作物として大蔵永常の『広益国産考』に書かれた「葡萄棚での収穫」の「小さなぶどうの絵」を発見できたのは衝撃だった(『図説日本史通覧』一六二ページ中央)。

次いで同じページには、一六〇〇年頃の新田開発によって、水田面積は一六三万町歩から一八七三年（明治六年）には三〇五万町歩（一町歩は約一ヘクタール）にも増加したとある。約一七〇年間で、米の石高は一八五一万石（二七八万トン）から三二〇〇万石（四八〇万トン）になり、一七八パーセントも増加した。一石は成人が一年間に食べる米の量と同じとされる便利な単位だ。一石は米俵二俵半で一五〇キログラム。単純計算すれば一六〇〇年には一八五〇万人だったのが、一八七三年には三二〇〇万人を米で養える食糧に相当する。実際にこの時期の人口と極めて近似しているのは興味深い。もちろん、ほかの粟《あわ》や稗《ひえ》、野菜など食物生産や天変地異、洪水、疾病による人口の増減や作柄も考慮する必要もある。

中高校時代に、このような「計算する歴史」の授業をしてくれる教師がいれば楽しい学習ができただろう。高校時代の数学のO先生以外は多様性がある考えを持った教師はいなかった。

高校時代の歴史の授業は、日本史の教師の名前は憶えていないが、世界史の授業のA先生はよく覚えている。理想の教師には程遠いが話は面白かった。ベトナム・ラオスの歴史の中で、同級生で個性的な顔をした女生徒に「クメール人に似ている」と差別的発言をして彼女が泣いたことを思い出した。A先生は変人だ。今ならセクハラで懲戒処分だろう。

江戸時代中期から末期には、米の収穫量を上げるために新田の開発だけでなく、二毛作、鉄製農具、肥料の草木灰、多収獲米などの改良がなされた。この結果、幕府・諸藩の米の生産高が高くなり、収益も高くなった。米の商品価値が高まり、幕府・諸藩の収入が増え、財政状態が改善した。しかし一方で森林伐採により洪水が増加したことで、自然災害のために安定して一定の収穫を得ることは困難だった。そのため農民の生活は楽にはならなかった。二〇一三年の日本の米の生産高は八六〇万トンで、一八七三年の四八〇万トンは、現在の五十六パーセントの生産高だった。最近の日本の減反農政を勘案しても、幕末から明治初期は高い米の生産量だった。

江戸時代には米作りだけでなく織物、製紙、陶磁器、醸造、林業などの地域における諸産業が発達した。豪農は土地を集積して小作人や使用人を使って農業を経営して富を蓄えた。しかし、これらの産業は手工業であったために生産高は限られていた。水力・蒸気機関・電力による機械による産業の出現は明治維新まで待たねばならなかった。これらのエネルギー革命によって何十倍もの大量生産が可能となり、資本主義に突入することになった。

江戸幕府は、商業システムを大阪から江戸へと移さなかった。したがって江戸時代は、重要な産物は大阪に集められ江戸に輸送された。大阪の河内木綿や灘・伊丹・西宮の酒は有名となり、菱垣廻船によって江戸に送られた。大阪統治のため大阪を幕府直轄とし、大阪城代と大阪町奉行を任命した。大阪城代には西国諸大名を監視するため譜代大名が任命された。さらに大阪奉行の下に同心、与力が任命された。米は天下の台所である大阪を経由し江戸まで運ばれた。

江戸末期には幕府領主に対する「百姓一揆」が頻発した。米の買い占めなどで米価が高騰し、商人や役人に対して「打ちこわし」が起こった。一八三六年の「天保の飢饉」の際に大阪に集積された米を江戸に運ぶことを「儒教の仁に反する」として、元与力で陽明学者の大塩平八郎が乱を起こした。この乱により大阪の約五分の一もが消失したという。しかし『大阪ワイン物語』の地域は当時田舎だったので火災は及ばなかった。

世界史の図説として『図説世界史通覧』（帝国書院　二〇一六年発行）もある。嬉しいことに『図説日本史通覧』と同じ値段だ。日本の幕末・明治時代の諸外国の出来事はこの世界史を参照した。

この物語では文章の正確性を期すために、データはインターネットからも多数参照した。すべての「教科書の記述内容は八十パーセントしか正しくない」と言っている私が、『図説通覧』の参考書を信じているのはかなり矛盾がある。私は高校の日本史や世界史の試験で、いつもほとんど満点を取れるほど記憶力が自慢だった。今さら反省しても遅すぎるが、歴史的事件・人物の背景・意義だけを表面的に丸暗記していただけだった。反省すべきことは、その「時代背景や汗や血を流した庶民がどのような生活をしていたか？」を微塵も考えたことがなかったことだ。

私の確信していることは「歴史的事実は必然である」だ。

はるか遠い昔の話だが、「約六六〇〇万年前に隕石がメキシコのユカタン半島沖に激突して恐竜が滅亡した」ような偶然もある。最近の科学雑誌『サイエンス』によれば、直径十キロメートルの小天体が陸に衝突する確率はわずか十三パーセントに過ぎなかった。もし隕石が海中に衝突したなら、粉塵の捲《ま》き上がりによる太陽光の遮断は少なく、気候の激変もなく恐竜の滅亡はなかった可能性もあったということだ。最強の肉食恐竜ティラノサウルスが大地をいまだに闊歩していたかもしれない。われわれの先祖ホモ・サピエンスは存在しなかったかもしれない。

元の十九世紀の話に戻そう。

明治維新の約七十年前にフランス革命が起こった。ブルボン朝の絶対王権に対する貴族の反抗に始まり、一七八九年には全階層を巻き込む革命となった。政治体制は絶対王政から立憲王政、そして共和制へと移り変わった。一七九九年のナポレオン・ボナパルトによる封建制度の解体とその後の復古をへて、フランスの二月革命および七月革命による富裕市民層（ブルジョア）の台頭、ナポレオン三世による海外進出など激動の時代であった。革命と反革命が繰り返された。多くの貴族・富裕層・宗教者などの階級、思想闘争が継続的に続いた。

丸山真男著『日本の思想』（岩波新書）の内容は難しい。社会思想史の講義で読んだ丸山の著書は、当時も私には難しすぎて理解できなかった。

彼によれば「ヨーロッパに見られたような社会的栄誉を担う強靭な貴族的伝統や、自治都市、特権ギルド、不入権を持つ寺院など、国家権力に対する社会的なバリケードが日本においては、いかに脆弱であったかがわかる」と。開国と明治維新という革命によって、思想、政治、経済、文化の怒涛のような洪水が日本へ流れ込んできた。日本人は、それらの意義を一つ一つ丁寧に検証・解体・整理できなかった。日本の各階層の薄さ、権力構造の脆さ、少数の藩閥や改革派公家には国家の理想像を描くことができなかった。思想、政治、経済を理解できる階層の不在と、理解するだけの十分な時間もなかった。

さらに丸山は同著で「思想と思想との間に本当の対話なり対決が行われないような『伝統』の変革なしには、およそ思想の伝統化は望むべくもないからである」と書いている。

私の高校時代は七〇年安保時代で、大学時代はベトナム戦争であった。政治には関心がなかった私は、夏は軟式テニス、冬はスキーに熱中した。そのため私は年中真っ黒に日焼けしていた。

西医体（西日本医学生体育大会）のテニス部での団体戦の私のペアは、名古屋大学軟式庭球部のナンバー・ファイヴと最弱だった。このため常に相手のエースペアと対戦した。現在広島大学総長になっているO先生ペアには完敗した。対戦について尋ねると、彼は「楽しかった」と言うが、私はとても悔しかった。

現在の政治は公文書改ざんで揺らいでいる。国会証言での詭弁はなぜ繰り返し起こるかを考えた時、日本人の精神構造の中に「自己を律する戒律がない」ことに気づかされた。日本人には「人間の獣性を律する戒律」がない。「真実を正直に語る」「嘘をつかない」は小学生でも知っている人間の根本倫理だが、それが日本人にはない。

ワインを飲むことは、キリストの血を飲むことであり、キリストの立てた新しい掟《おきて》「新しい契約」を受け入れる証《あかし》となることは、キリスト教徒でない私には全く理解できない。

明治政府の宗教政策についても驚くべき発見がある。キリスト教禁止令は一六四九年に島原の乱後に発布され、キリスト教徒は順次厳しく弾圧された。明治維新で当然キリスト教の禁止が解かれたと思っていた。しかし新潟県の北方文化博物館で、明治時代の立て札に「キリスト教禁止」と書かれていることを初めて発見して驚愕した。

名古屋市博物館でも同じキリスト教禁止の立て札を発見した。廃仏毀釈とは神仏習合の思想を排除して、神道のみが国家の宗教であるとするものであった。このため多くの寺院が廃寺され大量の美術品や仏像などが海外へ流出した。神社は寺院と分離された。

今まで明治維新の廃仏毀釈の意味が全く理解できなかった。なぜ明治政府はキリスト教を禁止したのか？　安丸良夫による岩波新書の『神々の明治維新』（一九七九年発行）には、キリスト教が禁止された理由が書いてある。

この本は、日本人の精神構造を深く規定している明治初年の国家と宗教をめぐる問題状況を克明に描き出している。天皇を絶対化するためには、神道による規範を確立する必要があったからとされる。これでは、君主の地位を危うくするキリスト教を禁止した秀吉や家光と何ら変わらないと思う。

ジャポニズムが魅惑とされたのは、当時近代化されていない神秘の国・日本への憧れだった。十九世紀半ばに開国とともに外交官や愛好者によって、日本の情報とともに浮世絵や陶磁器などの美術工芸品がヨーロッパへ大量に輸出された。ジャポニズムはヨーロッパ・アメリカでも広がったが、その中でも中心はワインの国のフランスだった。当時フランスは帝政から共和制に移行した時期だ。フランスでは「民衆」が文化の担い手となった。近代的な遠近法を用いない葛飾北斎の浮世絵は、民衆のための芸術であるともてはやされた。ゴッホやゴーギャンなどの前衛的画家が浮世絵の影響を強く受けた。ジャポニズムによって服装でもコルセットの窮屈な締め付けをやめて、和服のような筒型ドレスが発表された。私の専門の整形外科で用いられる腰痛治療のコルセットは、元をただせば女性の体形を必要以上に矯正する器具だ。それまでは美しさのために女性の体形を強調するコルセットを付けるには女性の忍耐が必要だった。これに対して体型を強調しないキモノは、着るのは楽で服装界の女性解放の意味があった。

ボルドーワインを世界に知らしめたのは、ナポレオン三世の歴史的な業績だ。ナポレオン三世は一八五五年、第一回パリ万国博覧会に集まる世界中の人に向けて、メドック地域で生まれたボルドーワインの格付けをした。ワインの品質保証とともに低温殺菌ワインを開発したことが、その後の飛躍的なワイン消費につながった。一八六八年にパスツールがフランスからアフリカの西海岸に船で運び、殺菌効果が完璧であることを証明した。長期間保存が可能になりワインの輸出が可能となった。

パスツールの発見より約三〇〇年も前なので、秀吉や家康が飲んだワインは菌によって酸敗し、不味《まず》かった可能性が高い。したがって今のように日本人が美味しいワインを飲めるようになったのは、パスツールが開発した低温殺菌法が確立した十九世紀末になってからだ。

ボルドーワインの格付けについては渡辺順子著の『世界のビジネスエリートが身につける教養としてのワイン』(ダイヤモンド社　二〇一八年発行)から引用した。「ワインはエリートにとっての最強のビジネスツールだ」という推薦文にもあるように、ワインの常識をつけたい人にとって、この本は必読書に思える。

「メドックの格付け」とは、メドック地区にあるシャトーの優劣を定めたもので、ここでは赤ワインを造るシャトーに一から五級の五等級で格付けがなされた。メドック地区とは、ボルドー市から北に向かって伸びる地区を指し、フランスの中でも高級ワインの生産地だ。正確にはメドックとオーメドックという産地に分かれるが、一般的には両地区を合わせてメドックと呼ぶ。AOC（原産地呼称統制）の表記でよく目にするマルゴー、サンジュリアン、ポイヤックなどのコミューン（村）もこの地区にある。

格付けの判断基準は、ワインの品質や当時のシャトーの規模や流通量などを基に選ばれた。七〇〇から一〇〇〇のシャトーがエントリーされた中で、最もランクの高い一級に選ばれたのは「シャトー・ラフィット・ロスチャイルド（ロートシルト）」「シャトー・マルゴー」「シャトー・ラトゥール」「シャトー・オー・ブリオン」の四シャトーだった。この物語の最後の章で私には無縁と思っていたラトゥールが登場する。

この格付けは一五〇年たった今もほとんど変更がない。しかし一九七三年に大きな変化が起きた。二級にランクされていたシャトー・ムートン・ロスチャイルド（ロートシルト）が一級へ昇格した。イギリス系のロスチャイルド家が一八五三年に買収したムートン・ロスチャイルドは品質も規模も問題なく、一八五五年のパリ万博の格付けの時には、必ず一級を取ると言われていた。しかし、二級に格付けされてしまったのは格付け直前にイギリス人の所有になったことが大きいとされている。

ムートン・ロスチャイルドはオークションでも多くの伝説になった。二〇〇四年のクリスティーズ・LAのオークションで一九四五年産のムートン・ロスチャイルドが木箱入り十二本で三十万ドル（一ドル一一〇円換算で三三〇〇万円）という驚くべき高額で取引された。ワインのボトルが一本三〇〇万円もする。ワイングラスに一〇〇ミリリットル注げば四十万円。全く私には無縁の世界だ。

著者の渡辺さんは幸運にも、この四五年産のムートンを「いただだいた」と書いてある。残念なことに、六十年以上前のワインはどんな味だったか感想が一言も書いてない。

さらにドルドーニュ川右岸にあるサンテミリオン村は、一九九九年にワイン産地として世界で初めて世界遺産に登録された。サンテミリオンの格付けは「シュバル・ブラン」と「オーゾンヌ」が高級シャトー。さらに「ペトリュス」の三銘柄とメドック五大シャトーを加えた八銘柄は「ビッグ・エイト」と呼ばれている。さらにボルドーのシャトーを紹介するのはこの物語の趣旨から外れるので省略する。続きは渡辺順子著の『世界のビジネスエリートが身につける教養としてのワイン』を是非読んでいただきたい。

さらに、ボルドーと並ぶ最高峰のワインの産地のブルゴーニュについて少し紹介する。

ブルゴーニュにはボルドーとは違いシャトーは見当たらない。というのは、フランス革命によって特権を持つブルゴーニュの貴族は、所有するぶどう畑を政府に取り上げられてしまったからだ。これに対してボルドーでは、革命後に貴族やブルジョアが再びぶどう畑を買い戻したのでシャトーが構えられ、広大なぶどう畑で大量のワインが造られた。

こうして大きなシャトーが造られなかったブルゴーニュでは生産者の格付けはなく、ぶどう畑に四つの格付けがある。この格付けは順に「グランクリュ」（特級畑）、「プリミエクリュ」（一級畑）、「コミュナル」（その畑のある村名）そして「レジョナル」（その畑のある地方名）だ。グランクリュはその名前のとおり最も格の高い特級の畑で、ブルゴーニュ全体のわずか一パーセントしかない。「ロマネ・コンティ」や「モンラッシュ」など、世界的に有名なワインを産出する一部の畑だけに与えられた称号だ。

こうした格付け以外のボルドーとブルゴーニュの違いはブレンドの可否だ。ボルドーはブレンドが赤・白とも許される。これに対して、ブルゴーニュではブレンドは許されない。ブルゴーニュ・ワインの八十パーセントが、白は「シャルドネ」、赤は「ピノ・ワール」で造られている。


ワインは生産国にとっては国の一大産業になる。ちなみにフランスは二〇一七年の輸出金額は世界第一位で九十億ユーロ。一ユーロ＝一一八円換算で一兆一五二〇億円もある。第二位はイタリアで六十億ユーロ（七六八〇億円）、三位はスペインで二九億五〇〇〇ユーロ（三六七〇億円）。これに対して二〇一七年のワイン生産国の世界輸出は、数量が最大だったのはスペインで、二二八〇万ヘクト・リットル、二位はイタリアの二一〇〇万ヘクト・リットル、三位はフランスの一五〇〇万ヘクト・リットル。接頭語の「ヘクト」は一〇〇のこと。リットルの一〇〇倍を示すので一ヘクト・リットルは一〇〇リットルとなる。しかし分かりづらい単位だ。

さらに二〇一七年のフランスの総輸出額は四七三二億ユーロなので、ワイン単独でフランスの総輸出額の約二パーセントも占める重要な農産物だ。これを一リットル当たりの平均輸出価格で比較すると、スペインは一・二五ユーロ（一六〇円）、イタリア二・七八ユーロ（三五五円）に対して、フランス六ユーロ（七六八円）と高い。スペイン産のワインはフランス産と比べ五分の一しかない低価格。驚いたことは、この輸出価格からはワインの七六〇ミリリットルは、フランスワインでさえ六〇〇円だ。スペイン産に至ってはわずか一二〇円。ワイン輸出価格は、スペインではペットボトルに入っている「エビアン」などの水の値段と同じだ。この輸出価格は大阪ワイナリーの経営者の企業戦略の参考値となるだろう。国際的な競争をするには、極めて厳しい値段だ。

何かの記念日と称して、私が愛飲しているスペインのスパークリングワインの「カヴァ（CAVA）」は、フランスのシャンペンと比べて格段に安い。しかも美味しい。フルボトルで一〇八〇円だ。もちろんシャンペンの口の中で弾ける繊細な泡立ちと豊潤さには敵わないが。私の鈍い舌には合格だ。今年の経済連携協定（ＥＰＡ）の発効に伴い、ＥＵと日本のワインの関税がゼロパーセントになることは一般消費者としては大歓迎だ。しかし日本ワインはもちろん、大阪ワインにとってもＥＰＡの発効は正念場となる。

ついでに日本酒の輸出も調べてみた。欧米での日本食ブームの影響で急速に増加している。二〇一七年の日本酒の輸出量は二万三四八二キロリットルで、前年比十九パーセントの増加、輸出額は一八九億七九一八万円で二十パーセント増加したという。二〇一〇年から八年連続で過去最高を記録した。それでも残念ながら日本酒の輸出額はフランスワインの二パーセントにも満たない。

私の友人のハンスの同級生のベングトは、「日本はワインもウイスキーも一流のものを造っちゃいけないよ」とあきれ顔で言った。もちろん誉め言葉だ。あれは確かメルシャンワインのテイスティングの時だった。日本人はオリジナルを発明することは苦手でも「カイゼン」することは世界一だ。

話は日本のワインの歴史に戻る。第一回万国博覧会が一八五一年にロンドンの水晶宮殿で開催された。第二回のパリ万国博覧会は一八六七年に開催され、四十二か国が参加し、期間中に一五〇〇万人もが見学に訪れた。

この時、日本からは幕府、薩摩藩、佐賀藩が出品した。この時になぜ佐賀藩が出品したかを私は不思議だと思っていた。それを知るために広瀬隆の『文明開花は長崎から』を読み直した。

当時佐賀藩は日本でいち早く西洋の学問を取り入れた藩だったことが解った。伊豆の国市にある伊豆韮山《にらやま》代官の江川太郎左衛門英龍《ひでたつ》が造った反射炉が世界遺産に登録されて、大砲の製造が注目された。実は、この反射炉には佐賀藩から技術が導入された。最も進んでいたのは薩摩藩ではなかった。

日本が清国のように欧米から侵略されなかったのは、鉄製大砲の開発によることが大きいと思う。日本が外国から武力制圧されないための大砲製造技術を、佐賀藩は日本で初めて完成させたのだ。大砲の完成は一八五二年。ペリーが浦賀に来た前年になる。私はこの大砲の製造技術から派生した研究成果こそ、後の日本の重工業につながったと考えている。佐賀藩は鉄製大砲やライフル銃の製造も手掛けた。大砲は鋳型に鉄を流し込んだ鋳造ではできない。爆薬の強度に勝る鉄の強度は得られない。砲口を正確に切削する高度な工作技術が必要だ。佐賀藩の殺傷能力の強い大砲やライフル銃の製法技術と所有兵器は、戊辰戦争で大勝利をもたらした。佐賀藩は薩摩藩と比べ戊辰戦争での死者数が七分の一と少なかったことからも、鉄砲製造技術力の差が裏付けられた。

『大阪ワイン物語』の主人公の一人である前田正名が書記として仕えた代理公使モンブランが、パリ万博で薩摩藩を独立国として紹介した。

一八六七年は幕末の微妙な時期。極東の「神秘の国」日本からの出品は大評判だった。前に書いたジャポニズムの宣伝に大いに貢献した。オランダの画家ゴッホは、浮世絵を模した絵をいくつか描いた。万博に参加することは殖産興業・国威発揚にも重要な貢献をした。

下級薩摩藩士の五男であった前田正名は大久保利通《としみち》の近縁で、明治二年からフランスに留学し、一八七八年パリ万国博覧会の事務官長としても活躍した。詳しくは述べないが、後に大久保や前田らの経験は日本における産業博覧会で産業奨励策として実施された。

前田正名こそがこの物語の主人公の一人だ。彼はフランスからぶどうの苗の輸入やワイン醸造を学ぶために、二人の若者とフランスへの留学に同行した。一八七〇年の普仏戦争では前田は戦場に向かいプロイセン相手に戦闘に参加したが、フランス軍は簡単に敗退してしまった。

神戸オリーブ園のパンフレット（「Kobe Olive Issue Vol.2」二〇一六年十月発行）の表紙には、髭《ひげ》を生やした二十七歳にはとても見えない前田正名の肖像画がある。その隣に初代の場長として三田育種場開設の挨拶文に「私は明治二年からフランスに行って外国の農業を調査してきましたが、日本の農業は決して海外に比べて劣っていないのであります。しかし日本人が農業と言えば五穀や蔬菜ばかりと考えるところに問題があるようです。外国では農業と言えば果樹・草花の栽培から木材の製造、牧畜まで含まれています」とある。

前田はフランスでの長い滞在経験から殖産興業としての果樹栽培、特にぶどう園およびオリーブ園の開設を強く主張した。彼は官僚であり、ぶどう樹の苗の育成や剪定や接ぎ木の知識や技術は持っていなかった。農業は、それを生業《なりわい》とする農民による実際の作業・技術の継承・発展が最も大切だ。さらに農業は干ばつ・風雪害・洪水などの自然災害や害虫などから収穫物を守る対策が必要だ。

神戸元町でオリーブ園の跡を探しても、六甲ロープウエイの近くの北野ホテルの前にオリーブ園がかつてあったことを示す「小さなプレート」があるだけだ。

当然のことだが、歴史は日本だけでなく世界で同時に進行している。世界の激変期と明治維新の時期が奇妙に一致している事実に気づくと、歴史がもっと面白くなる。特に十六世紀以降は西暦による年号を合わせてみると、いろいろな事件が密接に関連していたことが解る。日本の明治維新とヨーロッパの歴史・アメリカ合衆国の歴史と符合してみると、産業革命や奴隷解放のアメリカ南北戦争の時代にあたる。

しかし残念なことに現在の日本の高等教育には、世界史と日本史を同時系列的に学習するチャンスがない。「歴史を本質的かつ多元的に捉える機会を逸している」と強く思う。入学試験に出ないからなどという軽薄で偏屈な理屈はやめにしよう。私も大学教員として三十年以上働いているので、講義は脱線しながらも双方向性がある楽しい教育を提供したいと思う。

話は明治時代に戻る。

「版籍奉還」は、慶応三年十二月九日（太陽暦で一八六八年一月三日）に徳川慶喜から出されていた明治天皇睦仁《むつひと》への「政権の返上」と「将軍職の辞任」が許可されたことから始まった。鎌倉時代から約七〇〇年も続いてきた武家政治は終わり、天皇による中央集権国家の建設が始まった。さらに一八六九年の「版籍奉還」で、各藩は領地・領民を天皇に返上することになった。領地・領民を政府に返上し、旧藩主は知藩事として任命され、政府の任命する藩という区域の地方官となった。

「版籍奉還」は明治政府の中央集権化を一歩前進させ、軍事力が一元化された。藩主は領地・領民をなくし収入源を失った。しかし代わりに歳入の十パーセントを知藩事の収入とし、旧家臣に残りの俸給を与えることができた。公家と藩主は華族、武士は士族として家禄を定めた。農工商は平民とされ原則は四民平等となった。華族は領地の大きさで公爵、侯爵、伯爵、子爵、男爵となった。

もう少しだけ歴史を遡《さかのぼ》る。

江戸幕府末期の長州征伐やその後の戊辰戦争への出費は、諸藩の財政悪化に拍車をかけた。戊辰戦争に伴い新政府は、旧幕府直轄領（天領）や旗本ら幕臣の領地を接収して順に府や県を設置した。勝田政治の『廃藩置県』（岩波新書　二〇一七年）によれば、江戸時代には「藩」という名称は正しくない。幕府による名称は「知行地」「領分・領知」が正しい。知行地は、必要に応じて将軍から与えられるので、大名の領地は連続した広がりを持っているとは限らない。譜代大名や旗本・与力などの領地は、江戸時代にはかなり頻繁に変更が行われた。藩の本拠地周辺の領地より他の地域の領地が多いことも少なくなかった。

「版籍奉還」後に最も深刻な影響を受けたのは、「財政基盤が弱い小藩」や戊辰戦争で「朝敵」（例えば盛岡藩）となった藩だった。「版籍奉還」後も明治政府は軍隊を持たなかったので、大久保利通らは西郷隆盛の協力を得て薩摩・長州・土佐・肥前の四藩が政府直轄の軍隊の創設に成功し、明治政府の政権中央に軍隊を持つことになった。このことで各藩の軍隊は不要となった。すなわち武士は完全に失業した。

「廃藩置県」は一八七一年に明治政府によって行われた。「版籍奉還」から僅か二年後であった。伊藤博文や木戸孝允《たかよし》の主張した中央集権国家が成立した。これによって府知事・県令は「政府が任命する」ことで中央政権体制が確立した。江戸の人口一〇〇万人のうち、武士の人口が五十パーセントを占めていた。「版籍奉還」により大名や武士は江戸の藩邸から故郷へ帰った。新天地を求めて未開の地の北海道へ移住する武士もいた。私が疫学の研究をしている尾張藩武士の八雲町への移住は後で詳しく述べる。

第七章　「山梨県立葡萄酒醸造所」の費用から考える貨幣価値

当時の貨幣価値を知らないと、葡萄酒醸造所にどの程度の費用がかかったかが全くわからない。そのために貨幣価値の変動について少し書くことにする。

例えば甲府に「山梨県立葡萄酒醸造所」が一八七七年に設立された時の総工費が一万五〇〇〇円であった。今の金なら大した額ではない。しかし当時の公務員給与から「一円は現在の約二万円」の価値と換算するなら約三億円にも相当する。

明治時代の一円は今のお金に換算するとどのくらいの価値になるのだろうか？　実際は物価の変動のために現在の金額の予測も容易ではない。なぜなら貨幣価値は比較する対象によって大きく変化するからだ。一円の価値が解れば、『大阪ワイン物語』で書く貨幣価値の金額を概算できる。

白米の現在の値段は、スーパーマーケットで新潟産コシヒカリ十キログラムが四〇〇〇円あれば買える。これに対して明治初期から明治二十年までは白米十キログラムは三十六銭から五十五銭と安定していたが、白米の値段は十キログラムが約八〇〇〇円にも相当して現在の約二倍だった。理由は複合的だ。たゆまない品種改良、肥料開発、機械導入、耕地面積の拡大による収益性が高い米作りがなされたからだ。現在はＡＩ技術の導入による水や害虫のコンピュータ管理や、ゲノム編集による品種改良したコメも生産できるようになった。しかし深刻なのは、ぶどう造りと同様な問題があることだ。つまり稲作農家でも後継者がいない。

山本博文の『明治の金勘定』（洋泉社　二〇一七年）によれば、一八七一年に全国的な貨幣の統一がなされて、江戸時代の一両は一円となり、一ドルと同じ価値になった。当時は金と兌換《だかん》（交換）が可能な金本位制だった。一八八九年頃の一円は現在の約三八〇〇円に相当すると書いてある。明治初期は産業構造が農業から工業に代わる過渡期で、経済は未熟で労働生産性が低く、物価と比べて賃金水準は低かった。このため『お金の歴史雑学コラム』や『明治の金勘定』によれば、明治三十年頃の小学校教員や巡査の月給は八～九円、ベテランの大工や熟練工の月給は二十円ぐらいだった。月給からは一円は現在の二万円の価値があったといえる。

『明治の金勘定』によれば日本の人口は一八七五年には三五三二万人であり、一九一〇年には四九一八万人へと約三十九パーセントも増加した。人口増加には食物の増産が基盤にあった。第六章の殖産興業としてのワイン造りの項目で書いた一八七三年の人口は、米の生産高（石高）からの私の推計三二〇〇万人と三〇〇〇万人しか差がない。人口の約十パーセントの差は米以外の粟・稗・麦・芋などの作物も栄養源にしていたことによると推察される。改めて一石という単位（一五〇キログラムに相当）は人が一年間に消費する米の必要量であることから日本人の叡智を知った。ちなみにワインの生産量を表す一石は一八〇リットルとなる。

明治時代は四十五年続き、明治前半期と後半期では貨幣価値が激変した。ちなみにこの物語が対象としているぶどうと関連している価格を現在と比較すると、「マスカット」は明治二十五年に一粒二銭五厘（五〇〇円）、サントリーの「赤玉ポートワイン」は明治三十九年に三十九銭（七八〇〇円）、ビール一本二十銭（四二〇〇円）、日本酒一升は明治三十五年に三十一銭七厘（六三四〇円）と高価だ。

明治時代のお酒はすべて高価で、現在の価格と比べて日本酒でも約二倍であり、ビールに至っては約十倍以上も高く、庶民にはとても気軽には飲めない高級品だった。残念ながら葡萄酒（ワイン）の明治時代の価格を私はまだ発見していない。横浜の居留地の外国人はともかくとして、ワインを飲んだことがない日本人が本当のワイン好きになることは想像し難い。岩倉具視使節団は一八七一年から一年九か月のアメリカ合衆国やヨーロッパ視察で、さまざまなアルコールを経験したと考える。種類はワインだけでなく、ビール、ウイスキーなどさまざまだったろう。

明治時代にはお金を払って高額なワインを飲む日本人庶民はほとんど皆無だっただろう。さらにワインの酸味・渋み・苦み・香りなどを楽しむことは、前田正名のように九年もフランス留学した者にしか可能ではなかった。

第八章　「播州葡萄園」

　ここから日本のワインの歴史を始める。

「播州葡萄園」は明治時代に造られた官営葡萄園およびワイナリーだ。一八七七年に開業した「三田育種場」は、北海道開拓使とともに西洋農法導入の拠点かつ指導機関だった。「三田育種場」開設は日本のワイン誕生を推進した前田正名から大蔵卿大久保利通への進言によった。

「播州葡萄園」の最大のテーマは、ワイン醸造を目的としたぶどう農業の全国展開であり、そのモデルとしてワイナリー建設があった。大久保の暗殺後も殖産興業策による国家プロジェクトとして一八八〇年に兵庫県加古郡印南新村（現在の加古郡稲美町）に開設された。「播州葡萄園」と聞くとオシャレな印象を受ける。しかし、「播州葡萄園」の実態は「神戸オリーブ園」と同様に前田正名が最終的には失敗した官営事業だった。

　一九九六年に、醸造所があったと推定される煉瓦積みやガラスビンなどが忽然と姿を現した。葡萄園は完全に忘れ去られていた。約一〇〇年間後に発見され、センセーショナルに報道された。現在は埋め戻されて跡形も見えない。農民にとって「ぶどう作りは語り継ぐだけの価値のない官制事業」であったのか？　そもそも葡萄酒（ワイン）を製造することは、明治初期の庶民にとってどのような意義があったのか？「わずか一〇〇年で完全に忘れ去られた」という意味は、「播州葡萄園」の事業は農民たちには定着していなかったことを意味する。この真実を知って悲しい気持ちになった。

私が手にしている地元発行の「いなみ紀行」と書いてある地図を見ると、水色で塗られた「天満大池」をはじめとして溜池《ためいけ》が多いことに驚く。雨量が少ない四国讃岐の「満濃池」は灌漑《かんがい》用の溜池の代表として知っていたが、この地域ではさらに溜池の数も面積も格段に多く広い。地図では水色の面積がざっと四分の一を占める。後で書く「淡河疎水」「山田疎水」が完成してからも干ばつ対策に溜池が造られた。

この地はかつて「いなみ野」と呼ばれ『万葉集』にも詠まれた。地図の真ん中には「稲美町立郷土資料館」と「播州葡萄園歴史の館」がある。郷土資料館のすぐ隣の綺麗に整備された公園「万葉の森」に『万葉集』の幾つかの句碑がある。あずまやの前に句碑がある作者不詳の「家にして　吾は恋ひなむ　印南野の　浅茅が上に　照りし月夜を」は、この中で私が最も好きな句だ。

カタシモワイナリーの高井さんから、平成十二年稲美町教育委員会発行の分厚い『播州葡萄園百二十年史』の資料を借りた。この資料館を訪ねた時に、入り口でこの資料を無料でもらった。

資料の表紙には稲美町の溜池のある緑の風景写真がある。「播州葡萄園」のあった兵庫県加古郡印南新村は、もともと稲作に不適だった。というのは、瀬戸内海気候のため温暖で、日照時間は長いものの平均年間一一〇〇ミリメートルと降雨量が少なく、豊富な水が必要な稲作にとっては「不毛な土地」だった。姫路藩の奨励で江戸時代から明治初めまでは、加古・印南では綿花の栽培もされた。姫路藩は木綿の江戸での専売によって財政を立て直すことができた。しかし明治維新前後は毎年の干ばつと特産の綿花の不作によって農民の生活は非常に困窮した。

明治維新による地租改正は印南新村にも大きく影響した。この地域は年貢の軽減、援助米の支給などを受けていたが、廃藩置県によってこの支援は廃止になった。姫路藩からの「四公六民」で、藩に村全体で四割の年貢米を納め、六割は農民のものになるという米などの物納が主であった。税率四十パーセントだ。超高い。しかし代わりに明治政府は一八七三年、地券を一人の農民ごとに発行して「地価の三パーセントを金銭で納める」という地租改正を行った。このために現金収入が少ない農民には大打撃になった。開国によりインドなどの安価な外国産綿花が輸入され、稲美町での綿花価格も暴落した。さらに天候不順のために農地は荒廃した。そこで加古郡長北條直正は、困窮した地元農民救済のために「租税額の減免や納入延期」と稲作を可能とする「疏水事業」に情熱を傾けた。

当時、明治政府の殖産興業、特に勧農政策として日本の南西部に「葡萄栽培の試験を行う候補地を探している記事」が大阪朝日新聞に掲載された。これを読んだ郡長北條直正は、葡萄園誘致のために視察に来た内務省勧農局出仕の福羽逸人に嘆願した。一八八〇年、一反（三〇〇坪）六円五十銭（当時の一円を二万円と換算して十三万円）で買い付けることで、農民は約三十町歩（三十ヘクタール）の土地を泣く泣く葡萄園に売却した。代金は一八一六円（一反六円で買い取り）。この時の地租が一反二十三円に設定されたことより、地租が不当に高いことが判る。代価は地租の滞納金として支払われた。その結果、先祖伝来の土地を取り上げられるという悲話となった。したがって「播州葡萄園」への先祖代々の畑の売却は、一刻も早く忘れたい記憶だった。

「播州葡萄園」は一八八〇年に現在の稲美町に開設され、内務省から片寄俊と農夫二名が着任した。「播州葡萄園」の初代園長は福羽逸人だった。一八八三年からは本格的に葡萄酒の醸造が行われ、園内のぶどうの収穫が一〇〇貫（約三七五キログラム）で四種類の葡萄酒を試作した。その一部でブランデーを蒸留した。翌年は葡萄酒六石（一一〇〇リットル）を作ったとされている。しかし山梨県の一八七四年のワイン生産量（赤白ワイン合計で十四石八斗：二七〇〇キロリットル）には及ばなかった。もちろんワイン生産量だけの統計である。「播州葡萄園」でのぶどうの品種やワイン醸造技術の資料がないので、美味しいワインであったかは不明だ。しかしフランスから輸入されたぶどうの苗を使用したので、良いワインが出来たと推察している。

園内のぶどうは六十六種、株・挿木の合計本数は十九万本以上にも達した。大久保利通の後任の大蔵卿松方正義などの高官や、多くの一般見学者も来園した。この時に農民たちが松方らに窮状を訴えたことが、二つ目の巨大プロジェクト「疎水事業」の早期実現につながった。全国のワイン醸造家の中で大阪ワイン（堅下村）の醸造家たちも見学に訪れた可能性があると思う。さらに「播州葡萄園」では日本初の温室建設が行われた。この成果は岡山の山内善男によって「マスカット・オブ・アレキサンドリア」が育てられ、温室ぶどうとして現在まで継承されている遺産だ。

しかし悲劇は起きた。このまま行けば「播州葡萄園」は、世界的なワイナリーになったかもしれないのだが。世界的にぶどう樹を消滅させた「フィロキセラ」(ブドウネアブラムシ)の日本への伝播が起きた。ぶどうの葉や根にこぶを形成してぶどう樹の育成を阻害し、やがては枯死に至らせる昆虫だった。原因は十九世紀後半にアメリカ産のぶどう樹に付着していたのを、ヨーロッパへ品種改良のために輸入したことに始まるようだ。

日本への被害は、一八八二年三月に「三田育種場」がサンフランシスコより購入したぶどう樹(一万一五五八本)に起因したようだ。一八八三年の秋以後に移植した苗樹だけに害虫が発見され、その被害痕も同年以後に生じた根に多かった。これは一八八五年六月十九日に園内各樹の調査でフィロキセラが発見され、対策として近傍のぶどう樹四六四二本、面積八反四畝(八三一六平方メートル)にある株、支柱ともに掘り起こした上、焼却処分された。そして硫化水素と大量の石油を注いで害虫は駆除されたが、この年の大雨や台風による自然災害でさらに大打撃を受けた。同時期に世界中でヨーロッパ産ぶどうにフィロキセラ害虫の発生が見られた。フランスのシャンパーニュ地方では、一九〇一年にフィロキセラの大流行でぶどう畑が全滅した。多数の歴史あるワイナリーがそのワイン畑とともに失われた。またポルトガル、スペイン、ドイツ、オーストリア、イタリアへも広がった。

一八七四年、モンペリエのぶどう栽培会議でアンリ・ブーシェは、アラモン種(ヨーロッパぶどう）がアメリカぶどうの台木に接木できることを発見した。この方法は急速に広がり、現在では、ブドウネアブラムシに抵抗性を持つぶどう品種を台木として接木をする方法が主流になった。一部のヴィンテージワイン愛好家の間では、フィロキセラによるヨーロッパぶどうの壊滅および抵抗種導入により「ヨーロッパ産ワインの本来の味」が失われてしまったという厳しい見解もある。

フィロキセラの流行で「播州葡萄園」における葡萄酒醸造は二七〇リットルへ激減した。開園十一年後の一八八八年には民間に払い下げられた。開園後の政府投資資金は八〇〇〇円で、払い下げ価格は五三七七円（当時の一円が二万円とすると約一億七五〇〇万円）と、経済的には政府は収益を得られなかった。当時の大蔵卿松方財政では「播州葡萄園」だけでなく、鉱山など多数の官営事業が民間に払い下げられた。払い下げによる国家収益は少なかった。払い下げ先は日本ワインの推進者の一人の前田正名であった。ぶどう作りとワイン醸造の最新知識と技術を修得させるために、彼は一八七七年に山梨県「祝村葡萄酒会社」の二人の青年を伴いフランスへ渡航した人物だ。前田によって「播州葡萄園」は民間経営がなされたが、十年後には廃園となって人々の記憶から完全に忘れ去られてしまった。

稲美町で二つの歴史的巨大プロジェクトが実行された。一つはすでに書いた明治政府の殖産興業のかけ声で作られた「播州葡萄園」で国家プロジェクト。二つ目は同時期に農民たちの願望であった「稲作を可能とする疏水事業」の巨大プロジェクトだ。

国家事業として農地を開拓するために、欧米の近代的技術を用いた疎水が造られた。難工事の末に「淡河疎水」と「山田疎水」が完成した。不毛の台地の灌漑面積は約一〇〇〇ヘクタールにもなった。広範囲の灌漑により新田開発が進められ、米の生産が飛躍的に増加した。この二つの疎水は「日本の疎水百選」にもなっている。

「淡河疎水」は三年四か月後の一八九一年に完成した。難工事が予測された「山田疎水」は一九一一年に着工して一九一九年に完成した。淹漑にはサイフォンの原理を利用した大規模な淹漑用水路が建設され、収益性が高い稲作が可能となった。農民は生活のために溜池と疎水完成に合わせて商品価値の高い米作りを選択したのだ。農業の多様性とは相反する出来事だった。

疎水の完成は『播州葡萄園』の民間払い下げの時期の三年後だった。『百二十年史』には「どうして播州葡萄園が忘れ去られた」かが控えめに書いてある。疎水の完成とぶどう園の放棄の時期は見事に一致する。フィロキセラという虫害と大雨や台風による自然災害を受けた異国の「ワイン」という官製の商品は、多くの農民にはとても理解できるものではなかった。さらに地租を払うために先祖伝来の土地を「播州葡萄園」へ売却したことは、早く忘れたい記憶だった。

「播州葡萄園」への旅は発掘跡を見学することが目的であった。二〇一七年二月に現地を訪問。「播州葡萄園」の最初の感想は失望だ。ＪＲ東加古川駅から「播州葡萄園までお願いします」と言っても「葡萄園？　場所がわからない」とタクシーの運転手。目的地まではバスもあるが、本数が極めて少ない。どうやら一つ手前の土山駅で降りるべきだった。駅からタクシーで二十分以上もかかった。この日は運悪くＪＲが踏切事故で二時間近く運転を休止した。そのため大阪駅から快速でも二時間もかかった。

稲美町立博物館の学芸員は木曜が休みなので詳しい話は聞けなかった。葡萄園発掘の記録ビデオを見せていただいた。

稲美町の記念誌には「播州葡萄園」の周りには日本一多くの溜池があると。なんと溜池の数は四万個だ。道路わきにも大きな溜池が幾つも見えた。この風景は深刻な水不足を象徴している。年間降雨量が一〇〇〇ミリ程度なら恒常的に水不足になる。

「播州葡萄園歴史の館」は、入り口が三間ほどと小さい。建物は平屋で、当時の材木を使って再現した家にパネルが展示されているだけだ。隣の稲美町立博物館では、灌漑用水の建設によって稲作ができるようになって村が繁栄したことが詳しく展示されていた。平日なので入館者は私だけだ。二回目に来た時もそうだった。

「なぜ播州葡萄園は完全に忘れられたか」。その理由を考えてみよう。

「播州葡萄園」のある加古郡印南新村も、地租改正の影響を強く受けた地域だ。江戸時代は農作物の物納であり、作柄に応じての納税であった。明治政府の地租改正は三パーセントと法外だった。土地の課税額を役人が設定することができたので、新政府の地租が確定すれば国家収入が予測可能となる。地租を法外に高くした理由は不生産部門の士族の秩禄（給与）を払う費用が莫大で、新政府の財政は逼迫したためである。このために稲作に適さない不毛な土地にも容赦なく三パーセントの地租をかけた。不毛な土地の高すぎる地租に農民の反発が強かったので、その後に二・五パーセントに引き下げられた。

明治政府の財政基盤は弱く、収入が一八八七年から一八八八年には地租七十パーセント、酒税七パーセント、海関税四パーセント、その他が十九パーセントだった。一方、支出は秩禄（家録や賞典禄）が三十パーセント、軍費十九パーセント、行政費十六パーセント、その他が三十五パーセントだった。人口が五・七パーセントしかない士族への秩禄が三十パーセントも占めていたことは、国家財政の大きな負担となった。酒税の収入が大きく占めていることが解る。日清戦争や日露戦争のためには国家予算の数倍以上も必要であった。

稲美町立博物館の隣にある「播州葡萄園歴史の館」の左側のパネルに、愛知県のぶどう園が日本の生産の第一位であったという資料が展示してあるのを見つけた。調べてみると愛知県のぶどう園の歴史であった。盛田久左衛門が愛知県小鈴谷《こすがや》村（愛知県常滑市）で江戸時代に酒造業を創業したことは知っていた。知多半島沖の中部国際空港に近い愛知県常滑市小鈴谷に「盛田酒造」はある。私が整形外科医として三年間赴任した病院からは五キロメートル南にある。愛知県のワイン史がここから始まった。江戸時代に「盛田酒造」は灘・伏見よりも日本酒生産量が多かった時期もあった。現在でも日本酒は「盛田酒造」の清酒「ねのひ」が全国的にも有名だ。

産業が奨励される明治時代になり、小鈴谷村の十一代目久左衛門（命祺《めいき》）は多角的経営を目指した。千石船購入による海運業や醤油・味噌の醸造を始めた。フランスから「職業選択の自由」という思想が輸入されたことが日本の殖産興業の支えになった。職業の選択の自由は産業を発展させた。さらに富国強兵・殖産振興につながる教育制度である学校制度も一八七二年に発布された。命祺は、地元の子供たちを教育するために私塾「鈴渓義塾」を造った。当時は学校が十キロ以上離れた半田市にあったため、子供たちには遠くて通学が困難だった。鈴渓義塾の教育方針は、地元東海市出身の上杉鷹山の師だった細井平洲の「学んだことを生かす」という実学を基盤とした。今でもモノづくりに通じる発想だ。

常滑では一八八一年にワイン造りが始まった。小鈴谷村の官有林約五十ヘクタールに醸造用のぶどうの植え付けを開始。明治政府の官営ワイン醸造家を招いて栽培指導も受けた。一八八六年の農商務省の報告によると、ぶどう栽培農家数は愛知県が全国の約半数を占めていたという驚きの記録がある。多くのぶどう苗は「三田育種場」から購入したと推察される。その理由は、当時全世界的に猛威をふるっていた害虫フィロキセラが、「盛田葡萄園」にも同時期に発生したからだ。その結果、愛知県のぶどう樹は全滅し、ワイン造りの夢は消滅した。ぶどう樹も醸造技術も一流だったが、害虫によって全滅したのだった。盛田家の十五代目当主を継がなかったソニー創業者の盛田昭夫は、「ウォークマン」などのヒット商品で世界一流の電子機器メーカーを設立し、大成功した。

歴史は下って命祺の目指したワイン醸造は、甲州の地で「シャンモリ・ワイン」として一九七三年に実現されることになった。二度目の甲州訪問で、メルシャン資料館の二〇〇メートルの距離に「シャンモリ・ワイン」の直営レストランを発見。実は前回メルシャン資料館の帰り道で赤い尖《とが》り屋根のレストランがこのワイナリーなのは確認していた。

今年になって「シャンモリ・ワイン」のレストランまで行ってみた。二月だったので旅人はいない。試飲した後に、今年受賞した赤と白ワインを二本買った。家から一〇〇メートルの距離にある小さなスーパーマーケットで、最近「シャンモリ・ワイン」の九八〇円の安いワインが、もっと安いチリワインの隣に並んでいた。その宣伝に「今から百年前に愛知県でもワインを造っていた会社」と書いてあるのを見つけて私は微笑んだ。「シャンモリ」のワイン造りの正解は一三八年前だ。「盛田葡萄園」のワイン造りの歴史を収めた常滑市の「鈴渓資料館」を訪ねたい。そこには「播州葡萄園」に関連した資料もあるらしいから。

第九章　日本ワインの歴史

明治初期のワインの流通についての記載はほとんどない。『外国人が見た日本』（中公新書　二〇一八年発行）にある日本をこよなく愛したアーネスト・サトーは、日本語の読み書き、会話はもとより、古文書の読解までできた天才だった。サトーという名前から日系二世と思われがちだが、違う。ドイツ人の父とイギリス人の母の間に生まれたイギリス人だ。

彼は一八六二年に英国駐日公使館通訳生として来日した。まだ十九歳だった。一八八三年まで英国公使館に勤務したサトーは、日本国内を三十五回、延べ日数で四五〇日も旅行した。旅行案内書を意識して制作した。サトーの目的は旅行案内書作りのためだけでなく、日本各地の実情を本国に報告することもあった。

食べ物について記載した部分もある。その中で「ワインは好みに合ったものはなかなか手に入らないので持参するのが良い」としている。彼の情報収集力は相当高かった。マレーの日本の旅行案内書は初版が一八八四年であるから、甲州の「大日本山梨葡萄酒」（一八七七年）、札幌市の「札幌葡萄酒醸造所」（一八七六年）や「播州葡萄園」（一八八〇年）はすでに存在していた。したがって、これらのワイナリーから日本のワインの調達は可能だった。日本のワインの流通経路やワインの質も、評価の記載がないのが残念だ。彼は愛飲家でないと直感した。したがってワインの情報は必要でなかったと思う。後で詳しく書くが山梨のワインの歴史のスタートは、甲府広庭町の山田宥教《ひろのり》と詫間憲久《のりひさ》が共同でワイン製造を始めたのが一八七〇年頃とされる。横浜外国人居留地からワインを詰めるボトルを大量に購入し、明治七年頃にはワインを横浜方面に出荷したとされる。このような横浜での流通情報は、ワイン通ならすぐに得られただろう。

サトーの話が直接甲州のワインにつながらないのがもどかしい。私がサトーなら物珍しさに甲州ワインを確実に試飲しただろう。しかし、サトーは実際にも、いくつかの甲州ワインや「播州葡萄園」のワインを試飲した可能性がある。それで「ワインは好みに合ったものはなかなか手に入らないので持参するのが良い」と書いてあるのかもしれない。真実は判らない。

いよいよこの本のテーマの本題である。

「ワインは文化である」と書いたが、私にはいまだワインを理解できていない。

一八七八年秋に福羽逸人によって甲州種の沿革史の研究が始まった。福羽は上岩崎村の雨宮家で「勘解由伝説」「甲斐の徳本かけ葡萄樹繁殖」、柏尾の大禅寺で「行基伝説」や藤村紫朗県令に「甲州種の変遷」を取材した。本当の甲州ぶどうの歴史は当時も判っていなかった。

第四章ですでに詳しく書いたので要点を書く。以下の事実が判明した。後藤奈美さんが甲州ぶどうのスニップ解析をし、甲州がどのぶどうと近い関係にあるかが判明した。スニップ解析に基づくぶどう品種の散布図を示された。距離が近ければ近縁であることを示している図から、「甲州」は「ビニフェラ」の近くにあることが解った。さらに、やや東アジア系野生種寄りに位置していることも解った。スニップ解析に基づくぶどう品種の散布図の横軸の距離から「ビニフェラ」が七十一・五パーセント、東アジア系野生種が二十八・五パーセントの位置となった。つまり「甲州」には東アジア系野生種の遺伝子が入っていた。

日本のワインの歴史は甲州ワインの歴史を抜きには語れない。「日本で最高級品質とされる甲州ワインは、どのようにして今の地位を築いたのか?」を調べることにする。

甲州ワインの歴史を紹介するために、山梨県勝沼町のメルシャンワインへ二〇一五年十一月に訪れたことから始める。

前にも述べたが、私は一九八五年三月にルンド大学へ留学した。その時から三十四年来の友人であるハンスと彼の妻インガたちが日本を旅行した話だ。ハンスは大学での同級生ベングトたちを加えた合計四組の夫妻との、日本への十日間の旅行を計画した。彼らは十年も前から「今年は行く」と言っていたが、それがやっと実現した。

私の役割は、二日間の勝沼と熱海のツアーガイドだ。一日目は東京汐留の彼らが滞在するホテルから勝沼町までは「特急あずさ」で日帰りの旅。二日目は熱海の「芸妓見番」で芸子さんの舞踊とMOA

美術館を鑑賞する旅だ。ともに温泉が行程にある旅行だ。

甲州への旅の前日には、一年間ルンド大学へ留学した理学療法士のYさんが東京の下町を案内してくれた。私が旅行する時はいつも天気に恵まれる。その幸運はこの旅行でも。殊にその三日間は十一月中旬なのに、最高気温が二十二度と理想的だった。日本人にとってはちょうどいい。しかし、この気温はスウェーデン人にとっては真夏の感覚なのだ。この暑さに彼らは「夏が来た」と上機嫌。

勝沼町にある「ほったらかしの湯」の男湯は、一辺が約五十メートルの敷地に十ほどの湯船がある。少し温めの露天風呂につかって遠くに初冠雪した富士山が見える。至福の時だった。お湯の温度は四十度か少し低い。長湯しても最適。温泉で温まった肌をそよ風が心地よく冷ましてくれた。


「秋には富士山は二割も見ることができない。この幸運は、皆さんの長年にわたる社会貢献への神からの贈り物である」と私は英語で自慢げに話した。

彼らとの交流は文字どおり「裸のおもてなし」だ。彼らが富士山を背景に露天風呂にいる集合写真を撮りたいと言ったが制止した。「撮影禁止」の張り紙を発見したからだ。また、私と同行して計画と案内をしてくれた後輩のA君に感謝した。彼は近くのY大を卒業したので山梨には土地鑑があり、ワイナリー見学の計画はすべて彼に一任した。

実は私とA君は、その前年の九月に一週間ルンドへ行った。ハンスの別の友人の二度目の結婚式に潜り込むチャンスを得た。新郎は六十六歳。後で聞くと新婦は教え子で、年は三十歳も違う。スウェーデン中部のベーネルン湖畔にある十六世紀の由緒あるロマンチックなホテルに宿泊。披露宴はこのホテルで行われた。近くのワイナリーの見学とワインの試飲もした。そもそも甲州勝沼の旅は、ベングトがスウェーデンのこの披露宴でワインを大量に紹介してくれたことが発端なのだ。日本でも素晴らしいワインが甲州にあると紹介したら、是非行きたいと。

今回の勝沼への一行は、スウェーデンの友人夫婦四組と私と同僚のA君の計六名。二組は夫婦別姓なので、どの組み合わせが夫婦なのか最初は解らなかった。ハンスとインガたちは日本に到着してから初めの五日間で奈良・京都・高山・松本をすでに旅行してきた。「日本人が勧める日本的情緒の旅」として残り二日間の計画を、私に任せてくれた。ハンスと彼の妻インガ以外は初めての日本訪問だ。

日本と日本のワインを的確に紹介することは私の重大な役割だった。ワインの物語なので関係する部分だけ説明する。

ハンスの友達のベングト・ヘングルンドは、身長一八〇センチメートルで体重一〇〇キログラムもある巨漢で、愉快な六十六歳だ。すでに現役を引退はしているが、まだ内科指導医はしていて、医師教育を非常勤でしている。

ハンスとはハイスクール以来の友達で、医学部でも同学年だった。赤ら顔で大きな声で豪快に笑う。髪の毛は白髪があるが、私と違って髪は十分ある。ベングトはワイン博士で、スウェーデン医学界では十本の指に入るほどワインに造詣が深い。しかし真実は「理屈っぽい酒飲み」だけなのかもしれない。

一昨年九月にイエテボリ郊外の海岸にある、敷地が二キロメートル四方もある彼らの巨大な別荘に宿泊した時、来週の月曜日からワインの試飲に二週間、気ままにドイツのワイナリーをオープンカーのBMWで巡ると話してくれた。ルンドからコパンハーゲンへは、橋を渡ればすぐにドイツ、そしてフランスだ。

だが重篤な一大事件が発生した。ハンスが十月初旬に彼のヨットから転落して踵《かかと》の骨を骨折。レントゲン写真を送ってきて、「手術するかしないか？」を私にメールで訊いてきた。

教科書的には踵骨の関節内骨折は、手術が正解だ。私は可能なら手術を避けたい主義なので「私は手術しない」とすぐに返事をした。しかし、ハンスはきっと手術すると私は決め込んでいた。だが、すぐさま「僕もそう思う、手術しないで日本に行けるよう頑張る」と返事が来た。これには驚いた。保存療法はうまく行っても時間がかかるからだ。

しかし幸運にも、この不安は外れた。東京に来た時には骨折からわずか一か月で正常に歩けた。ほっとした私は、理学療法士の妻のインガの貢献が大きいと褒め称えた。都会の固いコンクリートの舗装はひざや足が痛い人には優しくない。しかしハンスは注意して観察しなければ普通に歩いているように見えた。

ＪＲ新宿駅を朝九時三十分発の「かいじ」二号で出発。ＪＲ勝沼ぶどうが丘駅で下車。そこから夕クシーで十五分。まずシャトー・メルシャンワイン資料館に入場した。

この日はワインの講習を受けることになっていた。資料館の入り口にはぶどう棚があった。入り口付近からワイン造りの歴史が詳しく書かれていた。さらに入るとぶどうの収穫・ぶどう搾りなどの装置が展示してあった。平日であるにもかかわらず観光客で混んでいた。

資料館の前には小さなぶどう畑があった。フランスでは普通の、柵状のぶどう畑だ。私はこの時初めて柵状の畑の実物を見た。すでに収穫が終わっていたので残っているぶどうの房は少なかった。四組のスウェーデン夫婦は何粒もぶどうを食べていたので、ガイドから「一粒だけ！」と強く注意された。英語での注意ではなかったので、最後まで美味しいと食べていた。

ワインの講習には日本語と簡単な英語での説明があった。ワイナリーで使用される樽のオークの説明、次いでワインの勉強だった。ワインの歴史とワインの味わいについて説明があった。定員は三十名。スクール形式で横に三列、縦五列の机。机の上には五つのワイングラスに三十ミリリットルほどのワインが注いであった。

まずワインの歴史と日本でのワインの製造についての説明。その後に赤ワインと白ワインの違いについて説明があった。この後ワインのテイスティングだ。どのワインかを鑑別するというゲームだ。ベングトは日本語の説明は無視して、というより日本語が理解できないので、勝手にテイスティングを始めた。ワインの色・香り・味（渋み、酸味、コク）などの文学的表現についての表現は何に由来するのかの講義があった。たとえば干し草の香りとか。私にとっては味覚と表現が結びつかないのが問題だ。

昼食は、みんなでサラダとビーフのランチをレストランでとった。数種類もワインを試飲した後で、ベングトは「日本がこんな素晴らしいワインも作るなんて」と日本人の勤勉さを褒めた。そして一本二万円もする最高級ワインをお土産にしようと四本も購入した。

今年の夏になって、日本のワインも名古屋市の鶴舞のイオンで購入できることを発見した。さすがに二万円もするワインは置いていないが、一万五〇〇〇円ぐらいのワインまでなら簡単に買える。山梨、山形、北海道など日本のワインも五十種類以上はある。この中にはカタシモワインも置いてあった。


甲州ワインの歴史に戻る。明治維新は農業政策においても革命的だった。内務卿大久保利通はさまざまな果樹を奨励した。代表例として梨《なし》、葡萄《ぶどう》、柿《かき》、柚子《ゆず》、桃《もも》、蜜柑《みかん》、橙《だいだい》、枇杷《びわ》、胡桃《くるみ》、林檎《りんご》、栗《くり》、椎《しい》など、多種の果物が奨励された。海外からの大量の苗木が地方にも配布された。その一例として青森県や岩手県の林檎は、その後の農民の努力によって特産物として発展し、生活の向上にもつながった。

蜜柑や桃も同様だった。桃はぶどうと同様に山梨県が生産高日本一だ。しかも多くの果樹は、日本に合った品種へ改良された。果実の奨励により稲作に適しない土地の開墾も進んだ。彼らの弛《たゆ》まぬ努力によって農家の収入は安定した。

この果物のうち、ぶどうの歴史についてのみ書く。明治政府の殖産興業政策による札幌市の「札幌葡萄醸造所」（一八七六年）が初めだった。私にとって札幌でワインが造られた歴史は初耳だ。

蝦夷地は北海道と命名され、日本のフロンティアだった。農業政策拠点の開拓使は、一八七六年から一八八九年までに札幌の合計約十五万五〇〇〇坪（五十一ヘクタール）の広大な敷地に四つのぶどう園を開設した。次いで「播州葡萄園」（一八八〇年）が開設された。すでに「播州葡萄園」の歴史は書いた。しかもビールと同じ年にワインの製造が始まったとは驚きだ。「札幌葡萄醸造所」と「播州葡萄園」は官製事業であり、税金による事業だ。したがって官製事業は廃止しようと思えば廃止できた。これに対して甲州ワインは民営事業だった。

「札幌葡萄醸造所」の歴史を書く。旭川医科大学抗酸化分析研究センターのホームページによると、明治政府は欧米からぶどうの苗木を輸入し、全国各地でワイン製造を推奨。官営事業として日本一早く一八七六年、札幌市に「札幌葡萄醸造所」が作られた。「播州葡萄園」は、その四年後の一八八〇年に開園。開拓使は、葡萄酒醸造所と麦酒醸造所を現在の札幌市中央区北二条東四丁目に同時に建造した。札幌駅からは徒歩で十分もかからない場所だ。東側が葡萄酒醸造所で西側が麦酒醸造所だった。この場所は石狩川を下って日本海沿いの小樽港に製品を船で運ぶには便利な場所だった。

初め野生のぶどうを原料として醸造し、翌年から札幌官園で栽培された。ホーレス・ケプロンが開拓使顧問として招聘され技術指導をした。アメリカから輸入されたぶどう樹でワインは作られた。ワイン醸造はフランスの製法だった。また醸造されたワインからブランデーも製造された。中川清兵衛によって同一敷地内に麦酒醸造所（サッポロビールの前身）が造られた。ビールは日本人に早々と愛飲された。現在のサッポロビールの瓶ビールのラベルの赤い星の下を見ると、「Scince 1876」とある。ラベルの周りには誇らしげに「Japan Olddest Brand」とある。しかし同じ年に製造が始まったワインが日本人に本当に受け入れられるには、さらに百年近い年月を要することになった。この差は一体何だったのか？

「播州葡萄園」でぶどう樹が大損害を受けた害虫フィロキセラは、「札幌葡萄酒製造所」ではアメリカ産のぶどうの木であったために害虫に耐性があり、発生しなかった。

では、害虫の被害を受けなくてもワインの生産が継続しなかった理由は何か？　栽培技術の問題ではない。当時の日本人が食文化としてのワインを楽しむ習慣がなかったからだ。北海道内でのワイン消費は少なく、大半は東京に出荷された。日本人がビールを早い時期に受け入れて愛飲し始めたのとは対照的だ。

「札幌葡萄酒醸造所」は明治十五年に開拓使が廃止された後は農商務省の管轄となった。その後、北海道事業管理局管轄となり、一八八二年に北海道庁の管轄となった。翌年には民間へ払い下げられた。札幌ではぶどう畑に鉄道車両工場が出来るまではぶどうが栽培されていた。

ついに一九一三年に醸造所は廃止。繰り返すが日本人にワイン文化を受け入れる土壌がまだなかった。日本人に合うワイン造りには、さらにぶどう品種選定や苗の育成などの長期の研究・改良が必要だった。

物語は甲州のワインの歴史に戻る。ウェブで検索した甲州ワインの歴史には、十ページにわたって歴史が要約されている。この記載とほかの資料とを検証しながら書く。廃藩置県で甲斐国は甲府県となり、間もなく山梨県になった。この土地でも地租改正の税はお金で支払われることになり、農家の生活に劇的な変化をもたらした。甲州ワインは民間人による事業で、札幌や播州などのように国からの潤沢な資金や醸造機械・技術指導の提供を受けなかった。

甲州のワインの歴史は、甲府広庭町の山田宥教と詫間憲久が共同でワイン製造を始めたことに始まる。始めた時期は定かではないが、一八七〇年頃とされる。山田は真言密教の大応院の法印であったお坊さんの山田がワイン製造を始めた理由はわからない。山田と詫間は全財産を擲《なげう》って甲州種や野生の山ぶどうやエビヅルを原料とした日本で初めての葡萄酒共同醸造所を境内に造った。山田らがワインの製造方法をどのように習得したかも判っていない。横浜外国人居留地からワインボトルを大量に購入し、明治七年頃にはワインをボトルに詰めて横浜方面に出荷したとされる。しかし「見よう見まねの製法」では、一定の品質のある美味しいワインはできるはずがない。この章のはじめの日本を紹介したアーネスト・サトーのワインの項目には、甲州のワインは書かれていない。

一八七六年七月に山梨県令の藤村紫朗に「葡萄酒酒造ニ付御願」を提出して資金援助などを請願した。請願書提出の直前に、後で説明する西欧農業の農学者の津田仙が、山田・詫間を激励するために訪れた。請願書には「技術の未熟さを打開して産業を発展させるためには県による技術指導と醸造用の葡萄の苗の導入が必要である」と書かれていた。正しい評価だ。彼らの請願は具体的には「醸造用の機械導入を大藤松五郎から調達してほしいこと。秋に醸造する数量は二万本（一本七二〇ミリリットル）としたいこと。西欧の葡萄を二万本栽培したいこと。資金三七〇〇円（当時の一円が現在の二万円に相当すると七四〇〇万円）のうち二七〇〇円（現在のお金で五四〇〇万円）を長期返済で借用したい」ということだった。

請願は藤村県令から大久保利通に伝えられて一部認められた。しかし一八七六年十月に、彼らが廃業するに至ったことが「山梨県勧業第一回年報」に記された。請願書を出した時は、すでに資金の面やワイン醸造の技術面でも完全に行き詰まっていた。この失敗の原因は、ワイン造りの四条件である事業資金、糖度の高い優良なぶどう品種、醸造機械と醸造技術（ハードとソフト）、醸造家の情熱、のうち初めの三つともが欠けていたからだ。情熱だけではワイン造りはできない。

津田式農業創始者の津田仙が、山田・詫間による葡萄酒共同醸造所を廃業直前に訪問した。当時の様子が一八七七年三月発行の『農業雑誌』二十九号に書かれている。津田は野生のぶどうから醸造した葡萄酒を試飲して「この種の葡萄にては通常の飲料はできても佳良のワインを醸造することは可能ではない」と厳しい。ワイン造りには日本に適したぶどうの品種を厳選することが肝要であり、もし両氏が葡萄を精製することにさらに勉めたなら、佳良の飲料「素晴らしいワイン」が出来ると厳しい評価と激励をした。二人はぶどうの実皮を蒸留して焼酎、実はブランデーも作った。山梨県の一八七四年の県別物産表によれば、白葡萄酒四石八斗（約九〇〇リットル）、赤葡萄酒十石（一八〇〇リットル）であり、山田・詫間の葡萄酒共同醸造所により醸造されたと推定できる。

一八七六年六月、甲府の舞鶴城跡に「山梨県立勧業試験場」が建設された。それに併設して「県立葡萄酒醸造所」が翌年完成した。総工費は一万五〇〇〇円（当時の一円が現在の二万円に相当とすると三億円）だった。東京の「三田育種場」からアメリカ産のぶどうの苗、数品種が舞鶴城内に植えられた。技術指導には大藤松五郎が甲府に赴いていた。大藤は千葉県出身の平民で、アメリカにおいてワイン醸造の技術を習得したとされるが詳細は不明である。大藤は缶詰製造の先駆者としても有名だ。

一八七七年八月に「大日本山梨葡萄酒」が誕生した。一般的には「祝村葡萄酒醸造会社」と呼ばれた。山梨県東八代郡祝村下岩崎（現在の勝沼町下岩崎にあるメルシャン勝沼ワイナリー所在地）に内田作右衛門、雨宮彦兵衛、土屋勝右衛門、宮崎市左衛門らによって設立された。社長には雨宮広光が就任。この時期は甲府の山田・詫間が「廃休スルノ不幸ニ陥入リ」と公示された一年後で、「県立葡萄酒醸造所」が完成した年にあたる。「大日本山梨葡萄酒」の方針は、山田・詫間による痛い失敗から学んだ。彼らは、運営資金は個人資産ではなく会社組織にすることで潤沢に集めることができるようにした。日本で初めて民営法人の葡萄酒会社を運営するためには、「醸造技術」と「醸造法を完全に指導できる有能な人材」の育成が急務だった。明治維新において海運業や鉄道事業では、多大な資金を集めるために会社が設立され、資本主義が発展した。

明治時代のすべての基幹産業、たとえば鉄道事業や海運事業も人材育成を行っていた。留学、外国技師の招聘、次いで日本人の専門家の育成だった。良質なワインを造るために、醸造技術と醸造法を取り入れることが必須とされた。そこでワインの本場フランスへ甲州から優秀な青年を派遣し、日本人による国産のワインを生産しようと試みた。青年らにはぶどうの育成、醸造技術と醸造施設の知識を習得、醸造用のぶどうの品種の選別などを徹底的に習得することを義務付けた。派遣する青年は二名。フランスでの修業年限は一年とした。旅費、滞在費、研修費は県内のぶどう産地の山城八郡（現在の東山梨郡、東八代郡、旧西山梨郡など）の郡費から支給されることになった。

最終選考で高野正誠と土屋助次郎（後の竜憲）の二名をフランスへ派遣することが決定。二十五歳の高野正誠と、氷川神社の神官・土屋勝右衛門の長男の土屋助次郎だった。土屋はまだ十九歳。宮崎市左衛門の長男・光太郎は派遣候補だった。しかし宮崎は幸太郎が一人息子のために辞退した。後に光太郎は「大黒葡萄酒会社」を設立し、甲州のワイン醸造に大きく貢献することになった。

藤村山梨県令は、二青年のフランス派遣前に、渡航の手続きや滞在中の世話を大蔵卿の大久保利通に依頼した。大久保はフランスから帰国したばかりの前田正名に、二人の世話を頼んだ。大久保と同郷の薩摩出身の前田正名こそ、国産のワイン誕生の主役だ。

彼は一八五〇年に薩摩藩医師・前田善助の六男として生まれた。十四歳から洋学塾の「開成所」で学び、後に長崎に留学した。留学資金を作るために『薩摩辞書』という英和辞典を編纂した。一八六九年に十九歳でフランス公使書記生として、代理公使モンブランに随行して横浜からパリへ向かった。

一八七三年に、彼はパリ万国博覧会の事務官長としても活躍した。さらに彼は一八七七年に、甲州祝村の二人の青年にぶどう作りとワイン醸造の最新知識と技術を修得させるために、一緒にフランスへ渡航した。彼は帰国時にぶどうの苗を多数持ち帰った。

日本に合ったワインを醸造するために青年を派遣する考えは間違いではなかった。しかしワイン造りの基礎知識がほとんどない二人に「一年ですべてを学んでこい」というのは土台無理な話だった。外国に触れることがなかった二人の青年に、せめて国内で渡航前にフランスの社会制度や文化、日本でのぶどう作りの基礎知識と技術、さらにフランス語の語学教育に予備期間が与えられるべきだった。当時は渡航するにも海路だったので、横浜からイタリアのマルセーユに上陸するまで四十五日間もかかった。したがって往復には九十日必要だ。修業年限一年なので、残りは九か月しかない。今なら航空機でフランスのパリを経由してシャンパーニュ地方まで二十四時間以内に到着可能だ。フランス語も駅前語学教室で効率良く学習することも可能だ。

出発したのは一八七七年十月十日。フランス船「タイナス号」は、二人の青年と前田正名を乗せて横浜の岸壁を離れた。出発前に高野・土屋の二人の青年は、ワラジ姿で甲州から横浜へ徒歩で旅立った。新橋～品川間の鉄道は一八七二年にすでに開通していたが、まだ甲州への鉄道はなかった。出航三日前の十月七日に横浜到着。横浜には当時すでに外国人居留地があった。当時の輸出入の八十パーセント以上が横浜で行われた。

船旅は過酷だった。青年たちは二等船室。前田は一等船室。二等船室は狭くて居住性が最悪で、蒸し風呂のような劣悪な環境だった。しかし旅先では海、船、そして建造物と、彼らには見るもの聞くものすべてが新鮮で輝いていた。前田正名からもさまざまなフランスの事柄を聞いた。そんな船旅は苦痛ではなかった。香港で「タイナス号」から別の船に乗り換えてシンガポールへ到着。インド洋を横断してセイロン島のコロンボへ寄港。さらにアラビア海を横切り、一八六九年に開通したスエズ運河を抜けてポートサイド、ナポリに寄港した。フランスのマルセーユに到着したのは十一月二十四日。横浜出発から四十五日も経過していた。

この行程の地図は、シャトー・メルシャンワイン資料館の入り口にある。横浜の地下鉄馬車道駅に近い「日本郵船歴史博物館」の展示解説書には、「スエズ運河を経由してアントワープへの日本の定期航路が開始されたのは一八九六年」とある。日本が航路を開発するには二十年以上の年月がかかった。この航路はスエズ運河を経由してマルセーユからロンドン、アントワープに至るものだ。二人の青年たちの航路と一緒だ。日本の海運業は戦争と密接に関連していた。日清戦争や日露戦争には商船が徴用されて兵隊の輸送や軍事物質の輸送に重要な役割を担った。

青年たちにとって、船酔いと暑さに苦しめられた苦しい航海だった。資料館には縦横五センチメートルのポケットに入るサイズの黒い表紙の航海日記があった。フランスのマルセーユに上陸してからは列車に乗って首都パリに到着した。フランスではマルセーユとパリの間には一八七七年に長距離列車（蒸気機関車）が運行されていたことは驚きだ。

鉄道や船舶に代表される近代文明の世界的な拡大は爆発的だった。老川慶喜著の『日本鉄道史　幕末・明治篇』（中公新書　二〇一四年）には、蒸気機関車模型から鉄道国有化までの激動の草創期（一八五四－一九〇六年）が詳しく書いてある。一八五四年に来航したペリーが蒸気機関車の模型を幕府に献上した。以来、日本は急激に鉄道時代に突入する。一八三〇年にイギリスのリバプールからマンチェスターまでの四十五マイルが世界で初めて開業。公共交通手段として営業的にも成功を収める世界初の鉄道会社の誕生だった。前に書いたように日本の鉄道はイギリスから輸入され、一八七二年に新橋～横浜間が開業。品川から横浜間はわずか二十三・八キロメートルだった。

それより遡ること七年。この章の後で書くグラバーは一八六五年に長崎の大浦でアイアンデューク号を六〇〇メートルの線路で乗客を乗せて走ったとされている。イギリスでの鉄道の最高時速は毎時八〇マイル（一三三キロメートル）と驚くほど速かった。

日本は、当時のイギリス植民地だったインドや南アフリカにさえ鉄道網で大きく遅れていた。鉄道建設にはさまざまな議論や用地買収・建設技術・資金調達問題があった。建設資金調達のためにロンドンで日本帝国公募公債発行などが行われた経緯を知れば、資本主義とは何かが判る。土地の買収などは貴重なエピソードだ。日本の狭い国土と建設資金の欠如から、植民地と同じサイズの「狭軌」が選択された。鉄道の幅が「広軌」ではなく「狭軌」に決定したことを、鉄道の父と呼ばれた井上勝は「先見の明がなかった」と嘆いた。スピードで勝る鉄道の開通は、前に述べた日本郵船の旅客数を半減させた。しかし船舶の大型化と高性能化で運搬量が大量になった。船舶は自動車や原油・液化天然ガスの輸送においては現在も物流の主流を担っている。

中央線旧線（甲斐大和駅～勝沼ぶどう郷駅）の「大日影トンネル」は、一八九六年に始まった中央本線八王子駅～甲府駅間建設に伴い掘削された。レンガ積みで造られた同トンネルは一九〇二年に貫通。一九〇三年に同区間は単線で開通し、勝沼・塩山・甲府などの甲州街道沿いの町々と八王子・東京との間の所要時間は短縮された。

鉄道開通のおかげで甲州のぶどうやワインの輸送量は爆発的に増加した。鉄道とトンネルの開通は地域の経済発展にも大きく寄与した。鉄道は大量の物資を安価で早く輸送できた。正確な時間の列車運行は、ぶどうやワインの物流をも劇的に変えた。日本人の時間に対する正確さを変えた。しかも旅行自体の意味も変えた。日本で鉄道が開通するまでは、人の一日に移動可能な距離は、徒歩で四十キロメートルに過ぎなかった。

機関車の話でさらに脱線する。最初のアメリカ大陸横断鉄道が開通したのは、スエズ運河の開通と同じ年の一八六九年五月だった。アメリカの南北戦争が一八六五年に終わり、リンカーンの唱えるデモクラシーによるネーション（国）の建設が始まっていた。横断鉄道の開通は、ネブラスカ州のオマハとカリフォルニア州サクラメント間の二八五九キロメートルだった。すでに一六〇年前に、日本の稚内から石垣島までに相当する長い距離の鉄道が開通していた。

岩倉具視による欧米使節団は、一八七一年十二月月二十三日から一八七三年九月十三日まで派遣された。彼らの滞在地と期間はアメリカ八か月、次いでイギリス四か月、フランス二か月で、デンマーク、スウェーデン、イタリア、オーストリア、スイスなど十二か国を訪問した。欧米使節団の最大の目的は、欧米十五か国との不平等な一八五八年の日米通商条約・修好条約を改正することだった。特命全権大使は岩倉具視で、副使は明治政府を代表する木戸孝允、大久保利通、伊藤博文、山口尚芳。五名の女子留学生も含めて総勢一〇七名もいた。日本の農業の基盤を作った津田仙の娘の津田梅子（後の津田塾大学の創立者）も同行した。彼らの往路は太平洋を横断し、一八七二年に大陸横断鉄道でアメリカ西海岸から東海岸へ向かった。同行した留学生は帰国後に政治、経済、科学、教育、医学などさまざまな分野で活躍し、明治政府の文明開化に大きく貢献した。

私はこの時期のアメリカ合衆国が、南北戦争の終結した一八六五年から八年しか経過していないことに気づかなかった。人が人をモノとして所有する奴隷制度が廃止されてから間もなくのことだ。アメリカ合衆国の成り立ちや、独立直後の歴代の大統領が奴隷所有者だったことも初めて知った。

欧米使節団の帰路は、開通したばかりのスエズ運河を経由して、一八七三年に横浜へ帰国した。しかし約一年九か月も国政を留守にしていたのは問題だった。この問題を解決するため大久保利通と岩倉具視は一足早く帰国した。理由は国内では次第に地租や不平士族の問題が蓄積していたからだ。最終的には一八七七年の西南戦争につながった。

岩倉使節団のアメリカ訪問のわずか数年後に、カリフォルニアワインに貢献した一人の日本人がいた。来日したレーガン大統領が国会演説で「カリフォルニア・ワイン王」をたたえた一九八三年のことだ。それまでは日本人は誰一人彼の偉業を知らなかった。

彼の名は、「カリフォルニア・ワイン王」と呼ばれた長沢鼎《かなえ》だ。彼は一八六五年に最年少の十三歳で、薩摩藩の密命を受けて藩士十九名とイギリスを目指した。長沢はスコットランドのトーマス・グラバーの実家に身を寄せた。最年少の長沢のほかの密航者には、後の大阪商法会議所の五代友厚や後の文部大臣森有礼《もりありのり》もいた。長沢は維新の動乱で薩摩藩からの送金が途絶えた後にグラバーの故郷のスコットランドからアメリカの東海岸に移住し、宗教結社のコロニーで農業に従事した。ちなみにグラバーは幕末から明治維新に長崎を拠点にして、造船・採炭・製茶などで日本の近代化に貢献した。さらに長沢は、一八七五年に西海岸のサンフランシスコの北九十キロメートルのサンタローザに一・六ヘクタールの土地を購入し、ぶどう栽培とワイン醸造を本格的に開始した。成果として、一八九〇年には約八十万リットル（カリフォルニア・ワイン生産量の約十パーセント）も生産した。

長沢の活躍と甲州祝村からフランスに派遣された二人の青年の留学と、日本のワインの黎明期の播州葡萄園と時期がほぼ一致しているのは驚きだ。その後長沢のワイナリーは病虫害（フィロキセラ）や火災によって窮地に陥った。さらに追い打ちをかけたのは禁酒法や排日運動だった。それから百年。彼のワイナリーからの技術は日本へ伝導されなかった。この歴史は朝日新聞の二〇一九年十一月二日の「be」に詳しく書かれている。

フランスにワインを学ぶために留学した二人の青年に話を戻す。パリに到着後は、フランス語の勉学のために公使館の室を借りて小学校へ通った。フランス語が少し聞き取れるようになったのは一か月後。どう考えても一か月でフランス語を話せるわけがないのだが。時間が限られていたので、十二月二十八日にパリから一五〇キロメートル離れたシャンパーニュ地方オリーブ郡のトロアに到着。前田正名の紹介で、世界的な園芸家シャルル・バルテにぶどう作りを指導されることになった。バルテは「農業改革は一国だけの問題ではなく地球上の人類すべてが豊かになるものだ」と語って東洋から来た二人を快く迎えた。「研修期限があるので理論より実技を身につけた方が良い」と、もう一人の権威ピエール・デュポンを紹介してくれた。デュポンは手広く苗木業を営む果樹の改良研究の実務者だった。理論はバルテに国際的な名声があったが、実技はデュポンがより経験があった。

二人の青年はフランス語にしてもワイン造りにしても、研修のための準備が不足していた。山梨県祝村のぶどう作りとフランスのぶどう作りを比較できるだけの基礎知識や経験があれば、フランスのワイン造りの権威者から適切な教育や援助を得られ急速に成長できただろう。二人の青年は裕福なぶどう農家に育ったが、ぶどう作りには素人だった。せめて少しでもフランス語を理解できていたならと同情する。

二人の青年の渡仏から一一〇年後に私がスウェーデンに留学した時に、ルンド大学ゲーラン・バウアー教授が言った言葉がある。留学に最も必須なことは「情熱」ではない。大切なのはコミュニケーション能力としての「エクセレント・イングリシュ」だと。今でも私は強くそう思う。

フランス語もぶどうの基礎知識もない二人の青年と、フランスのワイン醸造の権威との関係は、医学の世界で例えるなら「医学生に心臓外科の権威が、心臓手術の技術指導をするようなもの」だと思う。局所解剖や病理、心機能評価、術式の選択、手術手技などの理論と実践を、知識と技術を瞬時に抽出して、適切かつ迅速に対処することが外科医には厳格に求められる。医学生は心臓手術の素晴らしさに感嘆することはあっても「助手」にさえなれない「素人」だ。残念ながら無意味な指導なのだ。

日本からの留学生は理解困難なフランス語で、知識や経験が乏しすぎて質問さえできないレベルだっただろう。何が重点なのかが把握できなかっただろう。この事例から学んだ高等教育および大学院の理念は、「適切・適所な人物の選考」、「双方向性に知識や技術を教育・習得できるシステム」の確立だ。

それでも高野・土屋の二人は、彼らなりにバルテとデュポンの指導下にヨーロッパの新しい栽培法、ぶどうの剪定、挿し木法、品種改善のための接ぎ木法、さらに収穫法の実技をしながら、生食用ぶどうと醸造用ぶどうの違いの実技と理論を懸命に学習した。昼は農作業、夜は栽培法やワイン醸造法を記録した。このフランスでの記録が残っているかを関係者に確認したい。

ぶどうの収穫からワインの貯蔵法、新種の蔵出しまでの研修が終了した時には一年を経過していた。二人が帰国の途について横浜に到着したのは一八七九年五月八日であった。。彼らの大量な情報を、祝村の葡萄酒会社の人々は容易には理解できなかった。それどころか修業年限一年にこだわって、二人に七か月の超過した期間の違約金の支払いを求めた。この年の秋に始まった葡萄酒生産の会社の名簿から高野正誠の名前は削除された。フランス留学がかなわなかった宮崎光太郎が、フランス留学を終えた土屋竜憲と組んで「大黒葡萄酒会社」を設立することになった。この会社は名前の如く、商標は「大黒さん」。その絵が、この会社のワインのラベルになっていた。また会社があった「宮光園」の入り口に、一メートルの高さの大黒さんの石像が置いてある。特徴は大黒さんが米俵でなく、ワイン樽に乗っている。

殖産興業の一つのプロジェクトとして、甲州祝村の二人の青年をフランスに派遣することの中心的役割をした内務卿大久保利通は、不平士族に暗殺された。二人の青年が帰国する前年のことだ。「大黒葡萄酒会社」には品種改良とワイン醸造用設備の問題が残っていた。

これらの重要な問題を解決して、ある程度の水準のワイン生産が可能となったのは一八九七年以降だ。二人の青年の留学から約二十年もかかった。甲州への鉄道の開通と前後した年だ。ぶどうやワインは鉄道の開通で、速やかに東京まで運搬可能になった。さらに「宮光園」の開園は、昇仙峡へのツアーが開始された時期とも重なる。

二人の青年をフランスへ案内した前田正名は渡仏九年で帰国し、日本の近代農業を開いた津田仙らと農業の基盤作りを始めた。津田仙は岩倉使節団の通訳として一八六七年二月に五歳の娘と渡米して、アメリカ農業の合理性とぶどうとワイン産業の実情を学んだ。津田も欧米の農業・果樹の神髄を説き、穀物しか考えない旧来の農業を根底から覆そうとした。一方前田は帰国後に官僚として働き、一八八八年六月三十日からわずか八か月間、山梨県知事として勤務した。官界を去った後は国から「播州葡萄園」と「神戸阿利別園」（オリーブ）の民間への払い下げを受けた。二つの官製事業は失敗した。葡萄園もオリーブ園も、ともに十年ほどで閉鎖となった。

ぶどう造りは育成と管理が容易、均一かつ高品質、病虫害や天災に強いことが必要条件だ。私たち消費者は、安価で、高品質、嗜好に合うことを求める。商品のブランド化は弛みない造り手の技術向上と厳格な消費者による商品の厳しい選別によって醸成される。ワイナリーではさらに醸造機器・技術や保存方法の革新も重要になる。ブランド化は造り手の一方的な努力だけによるものではない。ブランドの名前を獲得したものは優良な商品が多いのは事実だ。しかし必ずしもブランドが最良とは限らない。客観的な品質を保証するには、国際コンクールで上位に入賞すること（格付け）が求められる。最も重要なことは「美味しいぶどう」や「ワイン造りに適したぶどう」を開発し続けることだ。

「ガイアツ」に弱い日本人は、ついつい「国際コンクールで金賞や銀賞を取ったワインは美味しい」と思い込む。さらに受賞を繰り返せば、そのワインはブランドになる。私の持論は「ワインの受賞は美味しいから受賞する」のであって、「受賞したから美味しいのではない」だ。ワインの消費者は、自分の味覚、舌の感覚受容器つまり味蕾《みらい》で絶対的評価ができる能力を、究極的には習得しなければならない。色や匂いと味覚の右脳のトレーニングこそ、ワインのテイスティングには必要だ。日本のワインが国際的な賞を受賞したのは一九八〇年代からだ。努力の結果として日本のワインメーカーは、こぞって国際コンクールで受賞を続けている。日本人の向上心・勤勉さがこの受賞につながっていることは嬉しい。

山梨県の「宮光園」では、「皇室御用達」の看板を明治三十年代にすでに獲得していた。皇室御用達は絶大な宣伝効果があった。さらにぶどう狩りと温泉宿をセットにした観光など、当時からの地道な努力の積み重ねがブランド化につながった。明治維新で日本人は輸入された本物のワインを知った。しかし実際に飲んだのは、ごく一部の富裕層の人たちだけだった。現実に愛飲したのはワインに似て非なる「ハチ葡萄酒」や「赤玉ポートワイン」だ。甘口だ。私には、これらの「ワイン」を非難する意図はない。戦前の長い空白期間の後、戦後もかなりワインに厳しい時期があった。一九七〇年頃からは高度経済成長に伴い国民所得も倍増したために、本格的にワインが飲まれるようになった。しかし舶来品イコール高価なモノというイメージにとらわれて、高いワインだけが尊重された。五十年前には日本のワインはまだ認識度は低かった。

大阪ワインの産地は、消費地に近くてワイナリーへのアクセスが容易だ。しかし逆にそれが欠点となった。大阪の市街地に近いので、一泊して地域をめぐる観光ルートが出来ない。ワインに限定せずに、古墳・玉手山などの史跡とつないだ観光ルートも、旅行客をいざなうには十分な資源だと思う。

ユネスコの世界遺産に登録された百舌鳥・古市古墳群は近い。しかし多くの古墳の問題は、宮内庁の管理下で発掘や展示が厳しく制限されていることだ。代わりに体験型の展示館や、触れる古墳の展示が必要だ。旅行者には、安価で落ち着いた隠れ家的な宿泊施設も必要だ。旅行者のために空き家のリノベーションも考えよう。レストランも地産地消で、大阪郊外で栽培した旬の野菜や瀬戸内海の魚などの料理を提供できればベストだ。

山梨ワインの歴史のみでなく、日本のワインに大きな影響を与えたのは小澤善平だ。小澤は民間人として苗木育成に心血を注いだ。一八四〇年に現在の山梨県の勝沼町の綿塚に生まれたが、詳細は不明。彼は横浜が開港した二十歳頃に生糸を外国商人に売りさばき、生糸商売を仕切る商人である浜師として活躍。当時ヨーロッパの養蚕の中心地の地中海地方で「微粒子病」が流行していた。このため日本の生糸は高く売れた。ここで善平とパスツールの話がつながった。パスツールは「微粒子病」の原因と対策を見つけた。彼はワイン低温殺菌法を発明した人だ。

語学が堪能であった小澤は、国禁を冒して生糸商が集めた生糸を持ってフランスのリヨンと直接貿易をした。生糸は幕末から明治には日本の主要な輸出物だった。横浜にいたヴァン・リードの仲介で、幕府の取り締まりをかいくぐって妻子を伴いアメリカへ逃れた。出国はもちろん御法度だ。カリフォルニアのナパで開拓に従事して養蚕や茶業を興そうとしたが失敗し、妻子も失うという悲惨な結果になった。その後昼間は木こりとして働き、夜は植物学者レレのもとでぶどう栽培技術を習った。驚くべきことは、小澤はわずか五か月でぶどう栽培すべてを習得した。真の天才だ。語学が堪能なことは留学のためには必須であることを証明した。その後はフランス人のスラムからワイン醸造法を習った。彼は後に良質なワインを醸造できたと自画自賛した。

ここで小澤善平が、さらに岩倉使節団ともつながることで物語は楽しくなる。一八七一年にアメリカへ渡航し、開通したばかりの大陸横断鉄道で来た岩倉使節団を迎えたのは彼だ。「江戸幕府による密航の旧罪は消滅した」と赦免され、日本へ帰国できることになった。蛇足ながら、土佐の漁師のジョン万次郎（長浜万次郎）は、この岩倉使節団の日本側の通訳として代表団とともにアメリカを再訪した。この時万次郎は、遭難で救助された捕鯨船の船長と涙の再会も果たした。小澤はアメリカで学んだ新知識を生かして日本の農政や開拓事業を推進し、欧米からの新種の果物や野菜の輸入を要請された。彼が成功した最大の理由は語学力、知識欲、行動力と考える。

小澤善平はアメリカから帰国した一八七四年に、高輪と谷中に合わせて二万坪（六・六ヘクタール）の農園を開いた。谷中の農園は「撰種園」と命名した。多様な果実、西洋種のぶどうの苗木、洋ナシ、リンゴ、柿、桃などの苗やアカシア、イブキ、ヒバなどの苗木を西欧から取り寄せた。挿し木や交配を研究して苗木商として大成功した。このように広大な農園を東京の中心地に作ることが可能であったのは、当時の東京は「版籍奉還」によって江戸の土地を占有していた大名は知藩事となって国許へ帰り、士族が居住していた各藩の広大な江戸屋敷はほとんど空き家となっていたからだ。明治維新によって、ぶどうをはじめ多くの果実を栽培できる土地を十分に確保できたことは重要だ。

小澤のぶどうの栽培は、生食用の苗木より醸造用の苗木に力を注ぎ、葡萄酒醸造の増大が漸次日本全土に広がることを望んだ。特にアメリカから取り寄せたぶどうの種類はこの「撰種園」から全国に広められた。さらに実地伝修生を募集して教育した。彼の体験に基づいた西洋種のぶどう苗木や栽培技術を翻訳した研究書である『葡萄培養法摘要』（一八七七年）、『葡萄培養法』（一八七九年）を出版した。彼は天才だ。なぜなら論文を書くのを本業とする私から見て、彼がアメリカから帰国からわずか三年で二冊の本を出版する能力はダントツと思う。さらに十年後の一八八九年、妙義山の中腹にぶどう園の開拓を始めたが、残念ながらワインを造る彼の事業は成功しなかった。

もう一人、日本ワインに大貢献した人物がいた。日本の気候に合ったぶどう品種を多く開発したのは川上伝兵衛。私の患者さんでソムリエの資格を持っているNさんは、川上伝兵衛以外に日本のワインに貢献した人物を知らないと言った。私はその時には、川上伝兵衛の業績どころか名前も知らなかった。

川上は一八六八年に新潟県頚城郡北潟村で、五十ヘクタールの土地を所有する豪農の長男として誕生。川上家と親交があった勝海舟のもとを訪問した時に、彼は葡萄酒を飲む機会があった。ここでも明治維新とワインはつながった。川上は「殖産興業・国利民福」を理念として、ぶどう栽培は農民救済になると考えて一八九〇年「岩の原葡萄園」を開設した。一九二二年から日本の風土に適した品種改良に挑戦して、多くの優良二十二品種を世に送り出した。一九二七年「マスカット・ベリーA」が誕生。寿屋（現サントリー）と合同出資で「株式会社岩の原葡萄園」となった。

私は日本で誕生した「マスカット・ベリーA」のエキスパートになるべく、日本ワインを試飲している。

第十章　世界のワインの歴史

ぶどうの果汁がワインになるのは「発酵」のおかげだ。発酵とは「酵母菌が果汁に含まれる糖を分解してアルコールと炭酸ガスを発生する現象」。人類は、自生しているぶどうが自然に発酵してアルコールが出来ることを早い時期から発見した。しかし効果的かつ美味しいワインをぶどうから造るには、長い年月のさまざまな努力や工夫が必要だった。

カリフォルニア大学ロサンゼルス校（UCLA）などの調査で、二〇一一年にイランとの国境に近いアルメニア地方の洞窟で、世界最古の約六一〇〇年前のワイン醸造所の遺構が発見された。施設では圧搾用の桶、発酵用の甕《かめ》、コップ、ぶどう・葉・樹の残留物が発見された。ぶどうは足で踏まれて潰され、その果汁は発酵槽に流れて自然発酵しワインが出来た。それを甕に移して、低温で乾燥した貯蔵庫で保存された。

ワインは地中海沿岸で初めて造られた。それまではメソポタミアのシュメール地方のウルからの発見が最も古いとされていた。紀元前三〇〇〇年に造られた粘土板の楔形文字で刻まれた物語だ。大洪水が起き、人間が難から逃れるために船大工にワインを飲ませて船を造らせたという、聖書「創世記」の「ノアの方舟」の原型と言われる物語だ。紀元前四〇〇〇年から五〇〇〇年前の出来事を記載したものとされている。その後ワインはぶどう栽培や醸造技術とともに、中近東から地中海に広がった。エジプトのナクトの墓の壁画には、ぶどう栽培やワイン醸造の絵が描かれている。また紀元前一七〇〇年頃の『ハンムラビ法典』にはワイン取引の記述がある。さらにギリシャ、ローマ、フランスから全ヨーロッパに広がった。このようにヨーロッパのワイン醸造の歴史は数千年を経ている。こうした歴史的背景こそ醸造技術、ぶどう栽培、それを取り巻く環境・風土を醸成した文化そのものなのだと私は思う。

『歴史の中のワイン』というタイトルの山本博著による最新の文春新書（二〇一八年発行）を見つけた。この本にはワインにかかわる幾つもの名言が書いてある。「神は水を造った。人はワインを造った」と喝破したのはビクトル・ユーゴーだ。エラスムスは「酒の中に真理あり」と表現した。プロテスタントの祖ルターは、「ワインと女と唄を愛さぬ奴は生涯馬鹿で終わる」という文章で始まる。「本当の神の雫はどのワインか」が、この本『歴史の中のワイン』のカバーにある刺激的なタイトルだ。

文章に惹かれて一気に読んだ。中身は濃い。この著書はワインの歴史はともかく、ワインの神髄にはとても近づくことはできないと感じさせる一冊だ。世界のワインの歴史は長い。この本には興味深い記載を大量に見つけた。その一部を要約して紹介する。詳しくはこの本を読んでいただきたい。

前にも書いたように、ワインの発祥地はメソポタミアだ。『旧約聖書』に「ノアの方舟」の物語がある。洪水が引くとノアはワインをしこたま飲んで泥酔した。その話の原型が『ギルガメッシュ叙事詩』に書いてある。この記載は人類が初めてワインを飲んだ歴史的資料であるという。イラクの首都バグダットの東南約三〇〇キロのペルシャ湾に近いところにウルという遺跡がある。出土品で有名なのが「ウルのスタンダード」（大英博物館蔵）だ。紅玉髄《べにぎょくずい》やラピスラズリなどが象嵌《ぞうがん》されており、精巧な酒杯と酒宴図がある。表は戦争、裏は王を中心とした宴会の図だ。飲んでいるのはワインとなっているが、当時のワインの味がどうであったかは不明だ。祝宴で飲むということは、水と違って特別の飲み物と考えられていたということ。次に大英博物館を訪れたら、この宴会の図を見つけようと思う。

古代エジプトではピラミッドで有名だが、巨大な石を積み上げるために働いた労働者たちにパンとビールが毎日の食料として支給された。当時ワインを飲めたのは王侯貴族だけだった。エジプトのナクトの墓の壁画には、天井いっぱいぶどうが実っている絵がある。ぶどう棚から実を摘む画像、左の絵には深い石槽があり、ぶどうを足で踏んで、流れ出る果汁を下の穴から出して溜めている。原始的な「圧搾」「搾汁」の絵もある。「圧搾」「搾汁」の行程の開発前は、ぶどうの実を潰して壺《つぼ》や甕に詰めて、発酵するまで放置して飲むという原始的なものだった。果肉や果皮を取り除いても澱《おり》や滓《かす》は残っていた。これでは多量には生産できなかった。圧搾、搾汁、濾過の技術によって、以前の果肉や種子などと一緒に発酵させる苦みがなくなり、ワインの生産量も増えた。

ぶどうの実の搾汁は最初に直面した難問だった。効率的な搾汁には、紀元前二〇〇〇年代にギリシヤでは「てこ」の原理を使った圧搾機が開発され、さらにローマ時代には「ねじ式圧搾機」へと発展した。初耳なのは、このねじ式圧搾機はグーテンベルクが印刷機を発明するヒントになったことだ。圧搾機の絵を見ればなるほどと思う。ナクトの壁画にもある貯蔵用の壺は、尖った細長い形態のアンフォラと呼ばれる陶製のものだった。封をした泥が固まらないうちに壺に製造年・品質・製造責任者・ぶどう園所有者などの印をつけた。今日の原産地呼称統制制度の原型だ。現在のガラスのワインの瓶と比べれば脆弱で、運搬で破損する可能性が高い。さらに長期の保存に堪えないことはすぐ理解できる。もちろんパスツールによるワインの無菌化は十九世紀になってからのことだ。

さらにユダヤ国家の歴史書の『旧約聖書』と、イエス・キリストの言動録の『新約聖書』におけるワインの話が『歴史の中のワイン』に出てくる。『旧約聖書』では主人公モーゼはシナイ山で十戒を授かった。ワインは神に「注ぐ供物」として出てくる。これに対して『新約聖書』ではワインはさらに重要となった。「最後の晩餐」で、イエスはパンを取り、祝福してこれを裂き弟子に与えて「取れ、これは私の体である」と述べ、そして杯を取り感謝し、弟子たちにワインを与えて「この杯はあなたがたのために流す私の契約の血である」と言ったことになっている（マタイおよびルカ福音書）。このことは「ワインとキリスト教」が、決定的に切っても切れない関係になったことを示している。

ワインを飲むことはキリストの血を飲むことであり、キリストの立てた新しい掟「新しい契約」を受け入れる証になる。このことはキリスト教徒でない私には、理解をはるかに超越している。ワインを飲むことが、「どうしてキリストの血を飲むこと」か？　それでも美味しいワインなら、キリストの血でもいいかと思う。

ローマ帝国では、キリスト教に帰依するという心の重要な決断が宗教的儀式となっていった。キリスト教が国家的宗教となると、それはローマ帝国の領土拡大に伴ってヨーロッパ社会の精神的支柱になった。ヨーロッパ人の行く所ではどこでもぶどう樹が植えられ、ワインがあった。これに対して日本のワインの醸造には幕府・天皇・大名・寺社などの有力な権威による庇護や宗教的儀式はなかった。あってもお神酒《みき》か水だ。日本の宗教的儀式は神道による結婚式・葬式・初詣や地鎮祭など宗教色が薄いものになった。当たり前だが、日本人にはキリスト教の「原罪」意識はないのだ。

ローマではワインの貯蔵のために「樽」の出現という革命的発明があった。それ以前は前述したアンフォラという素焼きの脆い壺だった。発酵終了後に瓶詰めするまでの熟成は樽で行われるようになった。現在では低価格・量産ワインは安定した条件を再現可能なステンレスタンクで発酵を行う。そのタンクに一定期間寝かせた上で直接瓶詰めするものが多い。しかし高級ワインにする場合は、樽による成熟が不可欠だ。第十四章に書く私が飲んだラトゥールのマグナムボトルは一九九三年のビンテージで、二〇〇九年に瓶詰めされていた。

五世紀の末にフランク族を統合したクロービスは、現在のフランスの基礎を造った。アラマンとの戦いで苦戦した時に、妻の勧めでキリスト教に帰依した。そのおかげで奇跡的に勝利した後に、三〇〇〇名の部下とともにランスで洗礼を受けた。その時のワインに霊感を受け、全員がワイン党となった。こうして「フランス人とワインの関係」は切っても切れないものになった。

次のカール大帝はドイツ・フランス・イタリアの北部を統一した。キリスト教の国教化とともに、布教上ではワインを重視した。彼のワインの業績は、ドイツではライン河畔に「シュロス・ヨハニスベルク」を開発したことだ。オーストリアではウイーン名物の「ホイリゲ」を誕生させ、フランスのブルゴーニュ地方では「コルトン・シャルルマーニュ」に彼のフランス語名「シャルルマーニュ」を残した。

中世にワインと関係したのはカトリックの普及、各地の領主の存在、都市の勃興の三つだった。第一に各地に教会が建てられ、結婚・出産・死亡には妻子の祈りが必要になり、そうした儀式にはワインが必須だった。

第二に農民は領主の庇護を受け農奴となり、農業に従事しないものは兵士・騎士となり領主、騎士、農民の封建制度が固定化した。ゲルマン人の侵入によりローマの支配が崩壊すると、人々は領主を頼って自己防衛するようになった。小領主は大領主、大領主は王に従属することになった。宴会には豪勢なワインが不可欠だった。

第三に河川の要所に都市が生まれた。農民は領主の横暴や重税を逃れて都市に逃げ込んだ。都市へは地元の領主がさまざまな要求をしてきた。このため都市は王に庇護を求めた。ワインを含むあらゆる物が都市に集まってきた。飲料水の汚染もあって、ワインは日常的に市民にも飲まれるようになった。昔は細菌に汚染されていない水などなかった。火を焚いて水を沸騰させて滅菌することさえ大変だった。ワインやビールなどのアルコール発酵飲料だけが滅菌されていた。

鉄道の普及とともにパリ周辺のぶどう畑と安ワインは消滅した。鉄道による圧倒的な人と物の輸送量と速度が流通革命をもたらし、品質が高い本物のワインだけが生き残った。絶対王政（アンシャン・レジーム）には「ワイン名産地」の確立があった。今でも世界的に有名な「ブルゴーニュ」「ボルドー」が中心だ。今は辛口ワインが愛飲されているが、当時は甘口の白ワインだった。赤に白を混ぜたロゼのような赤ワインにも人気があった。

フランス革命は封建制度を撤廃させた。「自由、平等、博愛」のスローガンは近代社会の法的基準となった。

フランス革命はワインの生産・流通・消費の分野においてもワインのあり方を全く異なったものに変えた。「自由な所有権」「職業選択の自由」がワインの世界も変えた。これによって、欲しいワイン畑も買えるようになった。都市人口の増加はワインの需要増大につながった。このことは農家からワインを買い集めてワインを売りさばく「ネゴシアン」を誕生させることになった。農家を隷属させた「ネゴシアン」に対抗する農家の「協同組合」が誕生したのは第二次世界大戦後だった。

十八世紀の哲学思想はデカルトの思想を継承し「理性」の原理を打ち立てた。『百科全書』は、人間理性、そして啓蒙思想の偉大な記念碑だ。これは、これまでの「カトリック」を中心とする世界を、「科学」を中心とする世界に塗り替える革命だった。真理はカトリックの権威の中にあるのではなく、「進歩は自然を直視することによってのみなしえる」と主張された。これは宗教的束縛・因習による人間の魂の束縛からの解放を意味する。農業も例外ではなかった。ビュフォンの『博物誌』では、ぶどうの雄シベと雌シベが描かれて、「生殖を神の御業《みわざ》」と信じていたぶどう農家に与えた影響は甚大だった。私たちが当然と考えている「アルコール発酵は糖の分解によるアルコールと炭酸ガスの生成をすること」を科学的に証明したことは、近代ワイン醸造学の礎となった。

恥ずかしいことに、私はフランス革命が農業に及ぼした多大な影響をこの時初めて知った。私の大好きな考え方「すべての事象を科学的に洞察・観察する」はこの時代から始まった。

パスツールはワインに対して大貢献した。そもそもパスツールの科学者としての初めの業績は、一八四九年の酒石酸の光学異性体の解明だった。

酒石酸はワインの樽にたまる沈殿からカリウム塩として発見された。英語ではタルタル酸とも呼ばれる。酒石酸は常温常圧で無色の固体。酒石酸はシャトー・メルシャンワイン資料館の展示やカタシモワイナリーの高井さんから、古い葡萄酒の底にたまった白い酒石酸の美しい針状結晶を見せてもらったのですでに知っていた。極性溶媒によく溶ける。水への溶解は、L体、D体、メソ体はよく溶けるが、ラセミ体は比較的溶けにくい。

パスツールは、「酒石酸の分子が非対称な形をしており、左手の手袋と右手の手袋のように、互いに鏡像の関係にある二種類の形が存在する」ということ、「天然物であるワインから取れたものと違い、人工的に合成されたものでは、互いに鏡像の関係にある二種類の酒石酸の塩が等量含まれている」ということを発見した。パスツールは「光学異性体」としての初めての物質として酒石酸を解析した。酒石酸の結晶学に関する論文により、ストラスブール大学の化学の教授になった。日本で酒石酸が後に「兵器」として重要物質となったことは次の章で述べる。

「光学異性体」という言葉に初めて私が遭遇したのは、二〇〇一年、名古屋大学の野依良治教授のノーベル賞受賞の時だ。

物質の合成には先ほど述べた「左手の手袋と右手の手袋のように、互いに鏡像の関係にある二種類の形が存在するということ」がある。しかも左右の物質の片方が全く生物学的作用のないことは知られていた。

左右差の研究をしている私も、この左右の物質の生体への作用が全く異なっている場合があることを考えすらしなかった。野依教授の受賞は、「左右の意図する化学物質の生産を触媒によって効果的に作り出す方法の開発」によるものだ。「不斉合成《ふせいごうせい》」と言われ化学的な処理過程のひとつで、光学活性（キラル）な物質を作り分けることだ。光学活性な物質とは、分子構造が非対称なために鏡写しの構造をとった分子（鏡像体、エナンチオマー）が元の分子とは異なる。これらは、化学反応性や物性がほぼ等しいため、出来たものを分離するのが困難だ。野依先生は、鏡写しの分子のうち「有用な物質だけを選択的に合成」することを発明した。これが医薬品、農薬の開発に大貢献をした。

この後になって、名古屋大学で研究した益川敏英教授と小林誠教授および下村脩教授の三人がノーベル物理学賞とノーベル化学賞を受賞したことで、大学内は蜂の巣をつつく大騒ぎとなった。青色ダイオードの文字盤の時計がある名古屋大学豊田講堂を本山方面に向かうと、道路に面して右側の建物が博物館の別館で、ノーベル賞受賞記念の文字と写真が見える。

パスツールの話に戻る。彼は一八五四年、リールの新しい理科大学の学部長に任名された。一八五七年頃にはワイン製造業者からワインの腐敗原因の調査依頼を受けた。これが彼を生物学、特に微生物学の研究に向かわせる契機となった。パスツールが証明するまでは、ワインの「酵母による発酵」という化学変化がなぜ起きるかは判っていなかった。彼はアルコール発酵が酵母の働きによること、また酢酸発酵が別の微生物の働きによることを証明した。すでに酵母は発見されていたが、酵母が発酵の要因とは考えられていなかった。つまり、発酵現象が微生物の働きであるのを発見したのは彼だ。ワインが腐敗するのを防ぐための低温殺菌法を開発した。

少し詳しい話になるが、ワインの殺菌には二つの方法がある。すでに書いた低温殺菌は「パスツリゼーション」と呼ばれ、摂氏約六十度で五分間の過熱を行う。ワインの繊細な風味や味を損なうのが弱点のため、フィルターで濾過する方法が多くのワイナリーで採用されている。したがって低温殺菌も濾過もしない生ワインは早飲みしなければならない。低温殺菌は牛乳などの液体を摂氏六十度程度で数十分間加熱し、バクテリアやカビなどの微生物を殺菌する方法で、発見から一五〇年も経過した現在も広く利用されている。ビールも実はこの方法で滅菌されている。そもそも細菌が発見されていない時期に、微生物が病原体である可能性を明らかにしたのは凄い。

微生物は動物や人間の身体にも感染するという結論に達したパスツールは、スコットランドの外科医ジョセフ・リスターが、外科手術における消毒法を開発するのを助けた。この発見のおかげで、私も今までに約四〇〇〇件の股関節の手術を安心して行うことができた。

さらに、弱毒化した微生物を接種することで免疫を得ることができるという大発見は、「ワクチン予防接種」という感染症に対する画期的な予防方法を提供した。彼は狂犬病のワクチンも開発した。殺菌法の開発、消毒法の開発、ワクチンの開発と、彼は本当の意味での大天才だった。

しかし彼の人生は順風満帆ではなかった。一八六七年、彼は弱冠四十六歳で脳卒中によって左半身まひになった。

私の師である青木國雄名誉教授の著書『医外な物語』（名古屋大学出版会　一九九〇年）にパスツールの病歴があるのを発見。彼の左半身まひの突然の発症は明治維新の年だ。「私のように業績を解説するのは浅学の役目でない」と、この本で青木先生は断っている。

私はすでに書いてしまった。『大阪ワイン物語』のためとはいえ赤面だ。何回も発作が起こったので、脳の血管に血栓が詰まる「脳梗塞」と私は診断した。この本には「脳出血」として蛭《ひる》に血を吸わせる治療が行われたことが書かれている。現在の日本の脳卒中は、塞栓による脳梗塞が脳出血より断然多い。

彼は脳卒中になってからもカイコの「微粒子病」が「ノゼマ」と呼ばれる病原生物による感染であることを発見した。そして「微粒子病」の防止策を発見した。山梨ワインの歴史に登場した小澤善平とパスツールの話は「微粒子病」でつながった。

すでに書いたように、当時、ヨーロッパの養蚕の中心地の地中海地方で「微粒子病」が流行していたので、日本の生糸はヨーロッパで高く売れた。小澤は二十歳頃に横浜で生糸を外国商人に売りさばいた。当時の日本の輸出の半分は生糸と繭《まゆ》だった。さらに彼は岩倉使節団ともつながった。岩倉使節団は一八七一年アメリカへ渡航した。開通したばかりの大陸横断鉄道で来た彼らを迎えたのは小澤善平だった。小澤はフランス人からワイン醸造法を習って帰国した。

科学的な発見によって「ワインは神の賜物」から「ワインは人が造るもの」になった。フランス革命は、ぶどう農家に「昔からこうやってきた」というワイン造りの発想をそのまま受け入れず「なぜ？　どうして？」と考える態度を身につけさせた。理性崇拝は十九世紀になると、科学や物理学として加速的に発展した。ワイン造りは天候に左右される。それに対処するために、気まぐれな気象に対する科学的救済策の確立、生産地の地勢・土質・ぶどう品種などが分類体系化された。

十八世紀の哲学思想は、デカルトの思想を継承し「理性の原理」を打ち立てた。この思想はボルドーとブルゴーニュでは全く異なった方向へ発展した。ブルゴーニュではぶどう栽培を修道院の僧侶たちが行っていた。僧侶たちは神へささげるワイン造りについて探求していた。ぶどうは最も優れた品種を選び、畑も最も優れた場所（区画＝クリマ）を選んでいた。僧侶からワイン造りを学んだ農民たちは、彼らの方法が正しかったことを理解していた。そのためフランス革命によって畑の所有者が変わっても、従来のワイン造りを続けることができた。

一方ボルドーはネゴシアンが販売する廉価な量産ワインと、貴族たちが造った高級シャトー・ワインに分かれていた。量産ワインはぶどうの選定がいいかげんだった。シャトー・ワインは畑の持ち主の貴族の国外逃亡があって、残った支配人たちにより、自分の経験で正しいと考えた方法でワインが造られた。シャトー・ラフィットの醸造長エクトール・ブラーヌらが「カベルネ・ソーヴィニヨン」の優れていることを発見し、近隣のシャトーの支配人たちにも奨めた。のちにメルロー種も加わった。格付け制度でも「カベルネ・ソーヴィニヨン」が極上赤ワインを生むぶどうとなった。

フランス革命政府は、国内各地の貴族と寺院の領地を没収して競売にかけた。ブルゴーニュの没収対象は寺院の領地だった。それを競売で競り落としたのは大商人たちだ。ナポレオンによる均等相続制によって畑は細分化された。さらにフィロキセラによるぶどう樹の病気で、商人たちは栽培を断念して売却した。買い受けた農家は資産規模が小さいため、さらに土地は細分化された。

一方、ボルドーでは、没収されたのはほとんどが貴族の領地だった。貴族や大商人たちはボルドー市内から離れたメドック地区に移住した。彼らは館の周辺にぶどう畑を造り、自家用のワインを丹念に造った。栽培・醸造にも配慮したために上質ワインになった。こうして邸宅の名前をつけた「シャトー・ワイン」が誕生した。「シャトー・ワイン」の名声は高まり、ボルドーの高級ワインの代表となった。ナポレオン三世の時代の一八五五年に開催されたパリ万国博覧会で、六十一のシャトーが選ばれた。ナポレオン三世によって一級から五級までに格付けされた。

二〇一八年に出版された渡辺順子著の『世界のビジネスエリートが身につける教養としてのワイン』(ダイヤモンド社)は、「世界のエリートはワインの知識がビジネスの成否を決める」と断言している。

彼女は十年以上にわたりニューヨークのオークション会社クリスティーズのワイン部門で、ワインスペシャリストとして多くの経営者や富裕層とかかわってきた経験がある。冒頭の刺激的なエピソードとして、二〇〇六年の小泉純一郎首相とブッシュ大統領との歓迎公式晩餐会で、クロ・ペガスが造る白ワイン「ミツコズヴィンヤード」がサーブされたと書いてある。

クロ・ペガスとは一九八四年に創業した、カリフォルニア州のナパヴァレー北部に広がるカリストガ地区にあるワイナリーだ。ワイン名に「ミツコ」と記されているように、オーナーの奥様は日本人。日本人が造るワインということで、歓迎の意を表したことと思われる。

しかしインターネットサイト上には「小泉は歓迎されていないよ。なぜマヤを出さないんだ」という疑問が投げかけられた。「マヤ」とは日本人女性がオーナーを務める、ダラ・ヴァレ・ヴィンヤーズというワイナリーで最上級のぶどうから造られる看板ワインだ。ワイン評論家のロバート・パーカーが百点満点を与えたトップクラスのワインだ。もちろん価格が高価なために、晩餐会用のワインとしては予算オーバーだったかもしれない。フランスのサルコジ大統領の時は、これに匹敵するほどのワイン「ドミナス」がサーブされた。「ドミナス」はフランスを代表する最高級シャトー「ペトリュス」のオーナーが、カリフォルニア・ナパで造る高級ワインだ。「良好な日米関係をアピールするなら、ダラ・ヴァレ・ヴィンヤーズからもワインを選ぶべきだった」と物議を醸し出したと紹介しているのだ。ワインに精通していない私には、このたとえはさっぱり理解できない。

ここで世界と日本のワインの歴史をつなげてみる。日米和親条約が締結された一八五八年には、パリ万博で格付けされたフランスワインがすでに存在していた。しかし当時、本場のフランスワインの美味しさを理解できる日本人はほとんどいなかった。前田正名は理解できる一人だったに違いない。ぶどうの苗木の輸入はアメリカやフランスからであったので、ぶどうの病気の発生も世界と同時的だった。ぶどうの病気は、初めに菌の胞子が飛散するために病気が拡大した。「ウドンコ病」は一八五一年にボルドーで発生。硫黄の粉末をふりかけることで退治できた。次いで「ベト病」は一八八〇年から一八九〇年にかけて猛威を振るったが、石灰乳に硫酸銅液を混ぜた「ボルドー液」によって退治できた。日本でボルドー液が広まったのは甲州の「宮光園」からだった。大阪ぶどう農家がボルドー液を使用するようになったのは、甲州から十年以上も経過してからだ。科学的知識や情報が、共有や伝達されなかった時代だった。

「播州葡萄園」や愛知県常滑市小鈴谷のぶどう園を廃園に追いやったフィロキセラ（ブドウネアブラ

ムシ）は、一八六三年に南フランスのアルル付近で初めて発見された。幼虫は、ぶどうの根に根瘤を造って寄生し、成虫はぶどうの葉を食べる。一八六八年にボルドー、一八七八年にブルゴーニュで報告され、ヨーロッパ中に広がり、各地のぶどう畑を枯死させた。さまざまな対処法が考案された。この虫に耐性を持ったアメリカ産のぶどうの株に、ヨーロッパ種の枝を接ぎ木する方法が最も有効であった。この方法により一八九三年頃までにフランスのぶどうは復活した。

山本さんの『世界の中のワイン』には、日本では一九一〇年に初めてフィロキセラの罹病が報告されたと書いてある。大正の初期に調査が行われたが、これは間違いだ。なぜなら兵庫県の「播州葡萄園」では一八八五年にすでに園内各樹の調査でフィロキセラが発見され、ぶどう樹を掘り起こして焼却処分された。さらに硫化水素と大量の石油を注いで駆除されたとある。「播州葡萄園」や愛知県常滑のぶどう園は、遅くとも一八九七年頃までにフィロキセラのために全滅した。

害虫フィロキセラの予防法の接ぎ木法などの開発は、結果としてぶどう品種の科学的研究を促進した。それぞれの品種の特性の解明や、栽培法などの実験的研究の成果が蓄積された。ぶどう畑の栽培方式が「垣根仕立て」になり、トラクターにより農作業が効率化した。これは農民を重労働から解放したと同時に大規模農場のぶどう生産を可能とした。皮肉にもフィロキセラは農作業の効率化をもたらした。さらに一八六〇年代からの鉄道の開通は、生産地からのぶどうの大量輸送を可能にし、ブルゴーニュ北部をはじめロワール以北のぶどう産地は消滅した。フィロキセラに対応するために新しい苗木の改植ができたのは、作業のコストを払う資力を持つシャブリ地区だけだった。そのためブルゴーニュのシャブリ地区だけが生き残った。南フランスのラングドックの安いワインを大量に運ぶ流通革命が起こったからだ。

一九〇七年にワインの定義が決まった。「ワインとは新鮮なぶどうまたはその果汁をアルコール発酵させたもの」と定義。アルコールの添加・砂糖の添加・水増しを禁止した。「地名僭称ワイン」撲滅のために「AOC＝原産地呼称統制」すなわち「アペラシオン・ドリジーヌ・コントローレ」が生まれた。特定の地方・地区で生産されたワインが一定の条件を守る限り、その生産地の地名を名乗ることを認める法律だ。

「二十世紀最後の四分の一にワイン界の地図が塗り替えられた」と言われる。伝統的なワインの階層序列が崩壊して、傑出したワインが世界各国で造られるようになった。革命的変化だ。要因は四つある。

第一はぶどう栽培地における現代的機械類の使用と、現代醸造技術の導入だ。秘伝の方法ではなく、再現可能で科学的な醸造技術が利用できるようになった。ステンレスタンクの導入による洗浄の簡易化・温度調整も成功した。ワイン醸造の労働生産性と再現性が格段に高くなった。

第二は流通業界の再編成だ。ワインはトラックでどこへでも配達できるようになった。手に入れることが容易となり、家庭での消費が高くなった。

第三はワイン・ジャーナリズムの振興だ。さまざまなワインブックが刊行され、ワインの普及に重要な役割を果たすようになった。

第四は消費者層の変化だ。ビールとワインが大衆的に飲まれるようになった。女性の地位向上とともに女性の飲酒、ことにワインの飲酒が増加して、多様な人に飲まれるようになった。日本でも一九八〇年頃からワインが一般的に飲まれるようになった。しかもワインの嗜好は甘口から辛口へとシフトした。私の経験では医者になった数年後の確か一九八〇年代に、医局でO商会の試飲会が何度もあって、甘口のドイツ・ワインのアウスレーゼを何本か買い込んだ。ひょっとしたらリースリングだったかもしれない。


歴史をグッと遡る。ワインは地中海領域からシルクロードへ伝わった。しかし、途中の砂漠地帯にあるイスラム教圏を通る際、ぶどう栽培に変化が起こった。飲酒を戒めるイスラム教では、ぶどうは醸造用には使えず、生食用や干しぶどう用として利用された。小粒で果皮の厚い醸造用のぶどうは淘汰された。

さらに、ワインはシルクロードを経て中国へと伝わった。中国ではすでに穀類を用いた醸造技術が発達していた。そのため、ぶどうは酒の原料として利用されていなかった。さらに東の極東地域ではほぼ生食用品種だけになった。中国は現在、世界有数のワイン醸造国であるが、ワイン生産が大量になったのはわずか数十年前からだ。中国の学会で赤ワインを試す機会があった。学会で「白酒《パイチュウ》」と呼ばれる蒸留酒でアルコール度数が五十パーセントを超える酒の乾杯の大洗礼を受けたときには、アルコール度数が十数パーセントの赤ワインはとても美味しく飲めた。

日本でワインが紹介されたのは、十六世紀後半の南蛮貿易によると考えられている。キリスト教伝来とともにワインも日本へ伝来した。

キリンのホームページにある「日本のワインのパイオニアたち」によれば、歴史上有名な一五四九年に、ポルトガルのイエズス会宣教師フランシスコ・デ・ザビエルの一行が布教のために鹿児島に来たことに始まる。

彼らはポルトガルからインドのゴア、さらにマラッカを経由してきた。四か月の苦難の長旅だった。薩摩藩の島津貴久に謁見した際に、献上品の中にガラス瓶に入った「赤き酒＝赤ワイン」を差し出したとされる。『日本教会史』によると、キリスト教伝来のためザビエルは、はるばる海を越えて日本へ来た旨を島津公に伝えた。キリストの血を象徴する「赤ワイン」はぶどうの汁を醸造した酒であり、キリスト教に帰依した人の洗礼のために飲んでもらうものと説明した。説明を理解したかはわからないが、島津公に味わってもらったことが記されている。十六世紀半ばに日本人で初めてワインを飲んだ記録になる。

ザビエルはキリスト教布教を島津公から許されたが、ポルトガル船が来航しなかったことから、島津公はキリスト教を禁止した。ポルトガルとの交易による利益が得られないと判断したからだ。

戦国時代にワインは大人用の薬として用いられたという記録がある。織田信長が「チンタ酒」として親しんだとされる。

「チンタ」とはポルトガル語のチンタ・ヴィーニョ、すなわち赤ワインを指す言葉だ。鹿児島を出たザビエル一行は周防（現在の山口県）の大名の大内義隆に謁見した。大時計など貴重な品とともに、南蛮酒「ポルトガル・ワイン」も献上された。

一五八六年にイエズス会宣教師のガスパル・コエリャとフロイスが、豊臣秀吉と大阪城で謁見した記録があり、その数年後にも「葡萄酒二樽」が秀吉に献上された。しかしこの頃から九州の広い地域でキリスト教に改宗した人々がいることが判明した。天下統一を目前にしていた秀吉にとっては由々しき事態だった。秀吉はすべての事象に対して好奇心がある人間だった。しかし為政者の秀吉よりもイエス・キリストを重んずる信仰心の強さは、封建制度にとって「極めて危険な思想」だった。

江戸幕府を開いた徳川家康には、一六一三年にスペインの使節が葡萄酒を献上したという記録がある。「甘い葡萄酒五壺」とはシェリー酒と考えられている。

キリスト教徒による天草四郎の乱が平定されたのち、一六三九年に中国とオランダを除いて通商は禁止された。いわゆる鎖国だ。鎖国はオランダと清のみに貿易を認めたもので、キリスト教禁止令と同時期に行われた。長崎の出島だけで海外との交流が許された。暗屋の中の小さな窓が長崎出島だった。この窓からは、外から太陽光が一条の光として眩しく差し込んできた。長崎では開国の前から蘭学を学ぶことができた。オランダ語はもとより自然科学、薬学や医学など、知の探究のために全国から優秀な若者が大勢集まってきた。

出島のオランダ人たちの個人消費を除けば、ワインの輸入はなくなった。ほぼ二〇〇年間はワインを嗜む日本人はほとんどいなかったと言える。ワインを飲む習慣は開国とともに始まった。この間に米を原料とした日本酒の醸造技術が発展した。

江戸時代に日本でワインが確実に飲まれたことを証明する資料は少ない。一七九四年（寛永六年）閏《うるう》十一月十一日、太陽暦の一七九五年元旦に江戸の蘭学者たち二十九名が大槻磐水（玄沢）の住居の「芝蘭堂《しらんどう》」に集まり「オランダ正月」を祝った『芝蘭堂新元会図』という絵がある。「太陽暦での元旦の宴が初めて」との理由で有名だ。多くの客人は剃髪している。かぶり物をしている人もいるので定かでないが、剃髪しているのは二十九名中十九名もいる。当時の学者は僧侶と同様な身分だったのだろうか。

しかし実は、それが「日本人がワインを飲む様子が書かれている初めての絵」であることを私は発見した。この絵の中央の三つのテーブルの上には四個のワイングラスが置かれ、右下と左の客人の手はワイングラスを持っていることに注目したい。左下の客人のワイングラスには赤色が施された赤ワインが注がれている。ワインのボトルが描かれているが、不正確な形からはボルドーなのかブルゴーニュなのか、この絵からは判らない。

次にワインの明確な記載があるのは、ペリーによるアメリカ側の饗宴だ。ワインについては詳細な記録はない。キリンのホームページの「日本のワインのパイオニアたち」によれば、日本もできる限りのおもてなしをした。蒸留酒の焼酎はアメリカ人には気に入られたらしい。しかし日本料理の量は圧倒的に少ないので、アメリカ人たちには不評だった。開国と同時にワインやウイスキーなどの洋酒が日本に輸入された。最初は日本に在留する外国人にワインは販売された。甲州の葡萄酒が明治初期に横浜で販売されたことは確実だ。江戸末期に開港した横浜で、空き瓶を集めて甲州の葡萄酒が瓶詰めされた。しかし残念なことに、販路経路や顧客の記録は全く残っていない。残念ながらアーネスト・サトーの記録にも、ワインについては全く載っていない。

大久保利通や前田正名たちは、フランス革命によってより科学的で洗練されたワイン産業を実際に見てきた。数千年の長い世界のワインの歴史を熟慮しないで、日本の産物として取り入れて殖産興業する彼らの試みはあまりにも性急だった。明治時代のワインの生産販売の失敗は、ワインの酸味と渋みが日本人の嗜好に合わなかったことにある。いくつかのワイン製造会社が酸度の低い赤ワインに糖とアルコールを添加して、一九〇七年に「赤玉ポートワイン」として販売したことが大成功を収めた。それ以前には一八八一年に「蜂印香鼠《こうざん》葡萄酒」、一八九一年に「大黒天印甲斐産葡萄酒」などの甘味ワインが販売された。このような甘味ワインが売り上げの四分の三を占めた。この傾向は一九七四年頃まで続いた。

日本人が本物のワインを理解するには、一九六四年の東京オリンピック、一九七〇年の大阪万国博覧会などや、海外旅行でのワインを試飲する経験を経なければならなかった。やっと日本にワインが紹介されて一〇〇年経過したところで、日本人にワインという文化の産物が本当に認知され始めた。改めて多くの先人たちの弛まざる努力に心から最大の敬意を表したい。「日本人がワインの酸味や渋みの欧米文化を理解するのに一〇〇年を要した」ことになる。味覚や食の安全性のための許容基準が世界一厳しい日本にも、グローバリゼーションが普及したことを意味している。

世界には有名なワインがたくさんある。ワイン入門の本や専門書には、ボルドーとかブルゴーニュのワインの格付けが書かれている。衝撃的なこの本に出合うまでは、ワインの格付けの詳しいことを書くことは他の専門書に任せようと考えていた。その本こそ山本博さんの『世界の中のワイン』（文春新書）だ。私が到達できない領域のワインの達人としての経験が書いてある。内容から、私と比べて彼のワインに対する感受性は何百倍も高いと察する。実はこの物語を書き始める時に、何冊かワイン入門の本を買い込んだ。どれも代わり映えしないと思っていた。だが山本さんの本は別格だ。ワインの歴史への強い思いがこもっている。

さらにこの本の第二章の「僕のこころを奪ったワイン」（一から十三）は圧巻だ。ほかのワインのテキストと同様に格付けが書いてあると思い込んでいたので、読んでもしょうがないと放置していた。何に対しても批判的な私が凄いと感じたのは、彼も反骨精神たくましく、第十の項目、ドイツ・ワインのヴァイングート「エゴン・ミュラー・シャルツフォフ」で、彼が「名前を覚えられないお気に入りのワインだった」の部分だ。特に「ワインは名声とか本の賞賛などを気にしないで、自分の好きなものを飲む」と明言している。さらに「自分の味覚を信じるという教訓を見つけたのはこの時からである」という文章を見つけた。私も格付けは嫌いだ。先入観なしに自分の感覚で飲みたいと思う。

この本の第一章には、「ワインの輸入量は二〇一五年に長い間一位の座を堅持していたフランスを破ってチリが第一位に舞い上がった」とある。この現象をどう見るかが問題だ。注目すべきは総輸入量の二十五パーセントが業務店で、七十五パーセントがスーパーやコンビニで売られていることだ。『大阪ワイン物語』を書き始めてワインに注目していることもあるが、確実にスーパーでのワインの種類と量がともに大幅に増えている。私がよく行く名古屋市内のマックスバリューのワイン売り場でも、高井さんの造るカタシモワインを二種類販売していた。この店には日本ワインだけでも一〇〇種類はある。売り場の責任者に尋ねると、五年前と比べてワインの陳列面積は五十パーセントも増加しているという。ニュージーランドや南アフリカのワインのリクエストもあるという。もちろんフランスやチリなどはもっと種類が多い。

これは普段飲みできる安価で美味しいワインが登場したという事実だ。「ワインは、日常消費される安価なものがその本来の姿なのであって、日本でもやっと本来の飲み方をされるようになったのである」という、山本さんのように高価な希少ワインをたくさん経験した人からのこの発言はとても嬉しい。消費者としては大歓迎だが、大阪ワインをはじめ日本のワインの価格競争は厳しい。

第十一章　『大阪ワイン物語』

いよいよメインテーマの始まり始まり。

『柏原ぶどう物語』という三十八ページの冊子を、柏原市立歴史資料館が発行した。この冊子はこの物語を書くきっかけとなったカタシモワインフードの企画展の記録で、二〇一一年三月に発行された。

小さいが素晴らしい内容だ。わずか一〇〇年少々の大阪ワインの歴史で資料収集は完全ではないが、できるだけ忠実かつ公正に記述した苦労に賞賛を送りたい。無料で配布していたらしいが、今は手に入らない。私は幸運にも最後の一冊を無料でいただいた。

ぶどうの歴史はヨーロッパでは紀元前三〇〇〇年前。北アメリカには別の種類のぶどうが現生していたとも言われる。ヨーロッパでは主にワイン用のぶどうが栽培され、アメリカでは生食用に栽培されたとされている。日本では「エビヅル」や「ヤマブドウ」は古来食べられていた可能性がある。昨年の高山旅行で、私は「ヤマブドウ」のワインを購入した。香りは微弱であったが酸味が強く、素朴で野性味に溢れていた。だが正直言うと美味くはなかった。

日本においてぶどうの苗の伝来は、遣隋使や遣唐使が中国から果実や苗を持ち帰ったとする説もあるが定かではない。最初に奈良へ伝来したので、通り道にある河内は日本で初めてぶどうが造られたとする楽しい意見もある。ただし科学的根拠は乏しい。

初めて日本でぶどうが栽培されたのは、鎌倉時代（十二世紀末）頃の甲州だと考えられている。甲斐国八代郡上岩崎村（現在の山梨県勝沼市）の雨宮勘解由が、甲州ぶどうを「城の平」で発見したことに始まる。これが事実としても、野生種でない甲州ぶどうが、なぜ甲州にあったかについては諸説ある。別の伝承では、七一八年に行基が持ってきた種をこの地に蒔いたことから始まる。甲州ぶどう以外の種類では、「甲州三尺」という長さ三尺（約一メートル）も房をつけるぶどうや「聚楽ぶどう」が江戸時代からあった。京都の「聚楽ぶどう」は、文禄・慶長の役で朝鮮から持ち帰ったという説や、キリスト教宣教師が秀吉に献上した説がある。ぶどうの色も紫と白があったとされる。想像にふけると歴史はもっと楽しくなる。種子島の鉄砲やキリスト教をもたらしたポルトガル人が、ワインを十五世紀後半の戦国大名や織田信長に紹介したことの詳細は不明だ。

宮崎安貞が一六九七年に書いた『農業全書』の中に、ぶどうの絵が描いてある。ぶどうには紫、白、黒の三色があり、粒の大小や甘い酸っぱいの違いがある。幕末の一八五九年に発行された大蔵永常の『広益国産考』には、ぶどう棚の絵図が描かれている。この絵図は「葡萄棚の図」で、棚に育てたぶどうを脚立に乗って収穫する農民と、下でそれを籠の中に受け取る人が描かれている。ぶどうの木がまっすぐ伸びているのが気になる。絵図は写実ではないことは一目で判る。高校教科書の副読本『図説日本史通覧』で紹介されているのと「同一の絵」であることを発見。当時の税制は四公六民で藩主の取り分は四割、農民の取り分は六割。税率は四十パーセントと非常に厳しかった。当然であるが医療保険や年金はなかった時代だ。将軍綱吉の江戸時代初期には、農民は米だけでなく、商品価値の高価なぶどう作りにも従事していた。当時はすべて食用ぶどうであり、ワイン醸造は鎖国が解禁されてから始まった。この本が発行されたのが日米和親条約の翌年であったが、残念ながら開国前後のワインについての日本での消費状況も記載されていない。

大蔵永常の『広益国産考』には、

「ぶどうは最近ますます甲斐で多く作られ、大量に江戸に出荷されている。収穫の季節には四谷を荷駄をつけて通ること引きも切らず、何千両の代金になろうかと、みる人は驚くばかりである」

「ぶどうは甲斐ではひときわ優れた産物である。家の庭にわずか五本か七本を植えるだけだが、それでもこれだけの利益を得るのである」

などと書かれている。

甲州ぶどうは独占的な利益を得ていた。甲州ぶどうの繁栄は、当時世界でも屈指の大都市「江戸」という消費地に近かったことと、他藩へのぶどうの搬出を禁止していて独占販売できたことによる。

明治維新になると、殖産興業の政策のもとにワイン醸造のために外国種ぶどうが輸入され、「札幌葡萄酒醸造所」「播州葡萄園」でワイン造りが開始された。しかしワイン造りは悉《ことごと》く失敗に終わった。大阪でぶどうが作られた記録は十八世紀まで遡ることができる。一八〇一年に発行された『河内名所図会』によれば、富田林がぶどうの産地であった。富田林は、「南河内、都会の地也」「古は富田芝とて、広き野にてありしが、天正の頃、公命によりて、市店建続きて商人多し。特には、水勝れて善れば、酒造る業の家数の軒を並ぶ。又、名産葡萄は農家の前栽に棚作り、多く裁る。初秋の頃は、鈴の如く生て市に出す。其味、他に勝りて甘美也。葡萄酒もこの地の名産としらる。風土の奇地」と書かれている。また富田林興正寺御堂の挿図には「此地葡萄酒の名産」とある。

以上の記録をまとめると、南河内の富田林では十八世紀から敷地内でぶどうの栽培が行われていたことがわかる。さらに商品として出荷され、「葡萄酒」まで造られていた。江戸時代末期の甲州ではぶどうは作られていたが、葡萄酒が造られていたという記録は残ってない。もしかして富田林が「日本初の葡萄酒（ワイン）」の生産地かもしれないとロマンもわいてくる。ただし当時の葡萄酒がどのようなものであったのかは不明だ。とても飲める代物ではなかったかもしれない。なぜなら、ぶどうは破砕して貯蔵すれば放置しておいても自然に発酵して葡萄酒になるからだ。「本物のワイン」となるにはさまざまな工夫が必要になる。

前述の『河内名所図会』に河内木綿の様子も詳しく書かれている。後でも述べるが、河内木綿は機械織りに適さないため、機械織りの木綿の登場によって壊滅的な打撃を受けた。このため河内では「綿畑」は「ぶどう畑」に変更された。

柏原市大平寺の高井嘉三郎が書いた『葡萄沿革誌大略』には、一八三〇年頃に太平寺、安堂、大県、平野で約十二名が宅地内でぶどうを栽培していたことが書いてある。一八五〇年頃には数十名のぶどう栽培者があり、ぶどう園はかなり拡大していたことが書かれている。このぶどうは後に栽培される甲州ぶどうとは品種が違うと考えられる。富田林のぶどうも起源は不明である。一九〇三年の『大阪府誌』には、一八五一年に堅下村平野の中野喜平が南河内郡道明寺村沢田からぶどうの苗木を買って宅地内に植えたとある。さらに『柏原市誌』には、中野喜平が植えた一本のぶどう樹の果実が一八六三年に五貫文（幕末の一貫文は約七〇〇〇円なので三万五〇〇〇円）で売れたことでぶどうが普及したとされる。その後、彼はぶどうを八本に増やしたとある。

堅下村は生駒山系南端の西側に広がっていて、現在の柏原市山ノ井、平野、大県、太平寺、安堂、高井田だ。柏原市で本格的にぶどう造りが始まったのは明治の初期。特に堅下村で品種改良や栽培方法を工夫して「堅下ぶどう」を発展させた。この歴史は一九八二年発行の小寺正史の『柏原ぶどうの歴史』の中で、この歴史と現状が詳細に分析された。さらには生産性効率の観点から今後のぶどう栽培の展望についても検討されている。カタシモワイナリーの高井利洋社長に借りたこの冊子は、『大阪ワイン物語』の貴重な資料となることを初めから予感した。以下、この資料を参考に書く。今から約四十年前の大阪ワインの実情を分析した貴重な資料だ。

カタシモワイナリーの本社から急な坂を上った観音寺の境内の前は眺めが抜群だ。小雨の中で、私が坂の両側にある立派な古い建物を眺めていた時だ。不審者と思ったかもしれない。「何かお探し？」と女性が声をかけてきた。左手の立派な門前にいた四十年前に嫁いできたIさんから、当時の堅下ぶどうについて聞く機会に恵まれた。

四十年前は坂から見る風景は一面がぶどう畑だった。彼女は「ここから眺める風景が一番好き」と言った。家から急な坂を上った所にある高台からは緑色のぶどう畑がどこまでも続いていたと。「当時はマンションや個人の住宅は一つもなかった」と。「あべのハルカスの方向には六甲山が見えた」と。「左の方は堺で快晴なら海も見えた」と。「夕方が綺麗。ここから見る太陽が沈む位置が季節によって大きく違う」、「夏は冬より北に沈む」ことを知った喜びを、子供のように無邪気に語ってくれた。

『柏原ぶどうの歴史』で小寺さんが書いているように、戦後にぶどうの造り手が激減した。ぶどう畑は次々と住宅に変わった。坂のすぐ下にある三〇〇坪ほどのぶどう畑には、ニューシャインマスカット、マスカット・べリーA、甲州ぶどうが美味しそうに実っている。Iさんの隣家はかやぶきの屋根の維持ができなくて屋根が崩壊している。観音寺から見下ろすと古民家は倒壊の危機にある。「修繕や再建には職人さんがいないし、離れに高齢者しか住んでいない」と。朽ち果てる家屋に寂しい思いがした。雨が本降りになってきた。Iさんにお別れして急な坂を下った。

柏原ぶどうの歴史に戻る。柏原ぶどう果樹栽培の振興のために、一八七六年に大阪府勧業課によって南河内郡道明寺村沢田に「ぶどう試験園」が設けられた。山梨県甲府の舞鶴城跡に「山梨県立勧業試験場」が建設されたのと全く同じ年だった。しかし甲州の「山梨県立勧業試験場」では、すでにワインの製造が始まっていた。大阪では、その二年後に「ぶどう試験園」から配布された苗木を堅下村の数名が栽培を試みた。その中で苗木の育成に成功したのは堅下村の中野喜平だけだった。配布されたのは「甲州ぶどう」で、大粒で味もよかったらしい。

河内のぶどう造りの歴史は一四〇年以上になる。日本産ぶどうの歴史から考えると、明治政府の殖産事業である「三田育種場」からの苗木が配布された可能性がある。この「甲州ぶどう」は「本ぶどう」「真ぶどう」と呼ばれて栽培が普及していった。しかし『柏原市史』第三巻には、中野喜平のぶどうは明治七年から明治二十二年まで九本で四畝歩（一三〇平方メートル）と変化していないと書かれている。明治十七年にはぶどう栽培面積は田畑一反歩（約九九二平方メートル）余りになったとも書かれている。栽培面積は小さかった。

大阪ワインの元祖と呼ばれる中野喜平は、ぶどうに生ずるウドンコ病や炭疽菌などの予防に努め、さまざまな栽培技術や予防法を考案した。これらの功績によって中野は多数の賞を受賞した。ぶどうは宅地内から田畑へと栽培面積が広がった。ぶどうは水はけの良い畑地が適地であることも知れ渡った。ぶどうの反当たりの収益は高く、ミカンの四倍以上、コメの十倍以上もあった。

ぶどうが綿花に代わって栽培されるようになった必然性を書いておく。江戸時代天保年間（一八三〇－一八四三年）頃に、綿の生産は河内木綿として国内での一大産地だった。かつて大和川の付け替え工事で川底だった場所が綿花に適していた。八尾市立歴史民俗資料館にある河内木綿の展示室には、木綿生産が盛んな時代のひとコマがある。『河内名所図絵』に江戸時代後期（十八世紀初め）の高安の里（現八尾市東部）で木綿織りと木綿売買をしている家の様子を描いたもの。機を織る女性、織りあがった反物を売買している男たち、糸車を持参して通ってくる娘など、木綿の生産や売買に携わっている人々の様子が描かれている。最盛期には河内地域の綿花の平均綿作面積率は四十五・八パーセントで、年間三〇〇反も木綿が生産された。

しかし明治二十年代に機械綿布が登場し、生産効率が飛躍的に向上した。河内木綿は繊維が短く太いため機械綿布に不適で、大量生産には適さなかった。手織りしかできなかった河内木綿は衰退した。このために大正時代には綿花農家はぶどう農家になった。したがってぶどう栽培面積は大きく拡大した。明治時代はぶどう栽培の黎明期で、病害虫の予防や施肥、剪定、適合品種の選別が手探りで行われた。

第八章に書いた「播州葡萄園」では一八八三年からは本格的に葡萄酒の醸造が行われた。この年、園内のぶどうの収穫は一〇〇貫（三七四キログラム）で、四種類の葡萄酒が試作された。翌年には「播州葡萄園」の見学に大蔵卿の松方正義をはじめ全国から多数が訪れた。証拠は発見していないが、堅下村からは播州までは近い距離なので「堅下村から葡萄園に見学に訪れ、何万本も植えられたぶどう棚を見てスケールの大きさに驚いた農民がいた」と私は信じている。

農業は自然との闘いだ。ぶどうも例外ではない。台風や洪水などの天災、異常気象、そして病虫害もある。

一八七七年にはウドンコ病が発生して堅下村のぶどうは大被害を受けた。ウドンコ病は植物に糸状菌というカビが住み着いて、果実がウドンコをつけたように白くなる病気だ。その対策として硫黄華の散布や渋柿を塗った袋を花房にかける方法が行われた。坂口清次郎による硫黄華だけを塗った紙袋を花穂にかけるなどの方法で一定の効果を上げた。最終的には一九二二年にボルドー液による消毒法の出現でウドンコ病の問題は解決した。ボルドー液の名前の由来は、もちろんフランスの高級ワインの産地のことだ。前に書いたように、日本では「宮光園」ではこの二十年も前にボルドー液による消毒が有効であるということが証明されていたのだが、この重大な情報は長い間大阪へは伝わっていなかった。

前にも書いたように「播州葡萄園」では一八八五年にフィロキセラ（ブドウネアブラムシ）という虫害による大打撃を受けた。同時期に世界中でヨーロッパ産ぶどうにこの害虫が発生し、シャンパーニュ地方では一九〇一年にフィロキセラの大流行でぶどう畑が全滅した。この流行は世界的で「播州葡萄園」においても葡萄酒醸造は激減し、最終的には葡萄園の閉鎖となった。世界的な大流行がみられたフィロキセラによる害虫の報告は堅下村では見られなかった。本当は大打撃だったが、ネガティブな記録なので詳しく書かれていないのが事実のようだ。

堅下村ではぶどうの生産が安定してくると、新品種の栽培も試みられた。一八九九年にはアメリカ産の「カトウバ」の生産が始まった。その後「キャンベル」や「デラウェア」の栽培も開始。それより前の一八八九年に大阪鉄道（現在のＪＲ関西本線）が開通して販路が大幅に拡大した。ぶどう販売のチャンスとなった。ちなみに東海道線はこの年に新橋から神戸まで全線開通した。当時は外国人居留地がある神戸へ多く出荷されていた。また日清戦争、日露戦争による好景気だけでなく、戦後の不景気もぶどう栽培にも大きく影響した。

堅下村のぶどう園の屋根型に組まれた棚は、竹を使ったものだった。中野清は一八八七年までに竹をやめて檜《ひのき》の棚を支柱に変更した。このため翌年の台風でも中野の檜のぶどう棚の被害はなかった。山麓部に大規模の柵を作ってぶどうを栽培した。中野の庭内にはぶどう棚が設けられ、日陰を作る効果も兼ねていた。私の愛知県の実家も、西側に貧弱なぶどうの棚があった記憶がある。小学校に上がる前にぶどうを食べたが、酸っぱい思い出しかない。

大正五年か大正六年に、堅下村平野の中野友吉郎が画家に依頼して描かせたぶどう栽培の手順を図解した絵図のコピーが高井さん宅にあったことを、第一章「カタシモワイン祭り」で紹介した。一年の作業が手順を追って下から上へと描かれている。挿し苗切り取り、挿し苗、苗木仕立、棚仕組、蔓剪定、施肥、手入れ、袋渋塗り、袋着、袋抜き取り、袋始末、成実取り、実手入れ（方言サビ）、成熟箱入れ、荷造り、運搬。当時の農作業などの様子、道具や服装、男女の役割分担などにも注目したい。この図を見ながら一つずつの行程を確認すると、ぶどうの手入れの大変さを感じる。

絵図の下には苗木仕立の様子が描かれ、中ほどには棚作りの様子がある。右の二名は棚作りを、中の二名は根本に鍬で肥料を与えている。座った左の女性は花穂にかぶせる紙を用意している。左上は収穫の様子である。左下の棚下で女性が花穂に紙袋をかぶせている。中の男性二名はぶどうを収穫している。一番上は箱入れ、荷造り、運搬が描かれている。絵には情報の曖昧さはあるが、しかし見聞のない人間にとっては文字にはない強い説得力がある。

ここで堅下村大平寺の高井嘉三郎の一九一二年の日記を紹介する。高井浩さんがこの日記を解釈されたもので一部改編した。一年間に一人の農家の主人が実生活を記録した日記は農作業の実態がよく解る。毎年日記が書かれていたと考えられるが、日記の書かれていた反故《ほご》になった和紙が硫黄を塗った紙袋に使われていた。この一年間しか記録が残っていないのは全く残念だ。

日記は新暦で記載された。この年は明治天皇崩御の年で、日記にこの記載があり新暦と合致する。旧暦は明治五年十二月二日まで。旧暦から新暦への移行によって、翌日十二月三日からは一挙に新暦明治六年一月一日になった。『柏原ぶどう物語』には詳しく解説が書かれている。

ぶどう農家の高井嘉三郎は一八五三年に誕生。日記が書かれた明治四十五年にはすでに五十八歳になっていた。この年、十一年続けてきた堅下村村長を体調の不良で辞めた。日記にはあちこちに「やいと」に行ったことも多く書かれている。また仕事を休んでいる。農業の仕事は末太郎、由太郎、勘三郎を雇い入れて手伝ってもらった。「やいと＝灸」は「民間療法で皮膚に熱傷をおこし、その部位から浸出液を排出することによって免疫力を上げることを目指したもの」であるが、科学的根拠は明らかではない。毎日気温を摂氏で記載している。明治になって初めて気温という指標が導入された。この概念も革命だ。

世界で統一された温度として摂氏は用いられている。それ以前は摂氏と華氏による温度も使われていた。華氏はドイツの物理学者ファーレンハイトが考案したもので、当時人間が作ることのできる最低温度をゼロ（氷と塩化アンモニウムの混合物で約マイナス十八度）、人間の体温を九十六度としたものである。アメリカでは今でも華氏が用いられている。サンフランシスコのＡＡＯＳ（アメリカ整形外科学会）に参加した時に、テレビ放送での気温予測が最低華氏六十度、最高華氏八十度と予測している。困ったことだ。摂氏何度かサッパリ判らない。正解は摂氏十五・六度と二十六・八度だ。

この日記には毎日気温を摂氏で記載してある。三月十七日五・六度とあり、この日「南山全部雪の衣を着る」とある。測定場所と測定した時間が書かれていないので、室外なのか室内なのかは解らない。これだけでは雪が降る条件も判らない。「天気」と書かれているのは晴れのことだろう。内容は村長の仕事のほかは農業に関するものだった。記載されている農作物は十六種類。

ぶどう畑は「南畑」にあって、二月十六日と十七日に「棚作り。と棚締めす」とある。ぶどう棚の修理で弛《ゆる》んだ棚を締め直している。二月十七日は摂氏七・三度。翌日は農作業の道具を修理している。二月二十五日もぶどう棚の修理をしている。三月八日と九日には「棚修繕する」と記録されている。傷んだ柱などを入れ替えている可能性がある。三月十日「葡萄に肥尿撒く」とあり、当時の肥料は人糞を主肥料としていたことが解る。三月十四日と二十日には「肥置す」とある。「置」とある場合は干し魚・油粕《あぶらかす》・蚕《かいこ》の蛹《さなぎ》・消石灰など袋に入れられた肥料を施肥することである。三月十六日と二十八日「葡萄垣す」とあり、二十八日には地籍「西塔」のぶどうと記録されている。

総合すると、ぶどう畑は四か所あって「南畑」「西塔」「芹田」「宮下」となる。「地獄谷」の畑にも棚田を作っている。さらに五つ目のぶどう畑としようとしていた。柵状の垣根が道路に面した棚の下に入れないように作られたと考えられる。三月二十二日に長野県の藤井芳一さんからぶどう樹が送り届けられている。

二月二十八日は「雨で葡萄袋を製す」と書かれている。三月一日、四日、七日と作業は継続する。四月二十八日には「葡萄硫黄掛け始めてす」。五月二十三日にも「葡萄の硫黄掛けす」とある。五月八日「葡萄袋初めて内の屋敷へす数二百」。五月九、十、十一、十八、十九日は「葡萄袋きせす」。そうして六月二十四日、二十五日、二十六日には「葡萄袋ぬがしす」。その後すぐに二十九日に「硫黄を葡萄に掛ける」作業をしている。この作業は甲州ぶどうの「サビ」対策で、一八九二年頃、堅下村大平寺の坂口清次郎が発明した方法である。ぶどうの花穂に硫黄を塗った紙袋をかけることにより、品質の良いぶどうが収穫できるようになった。この方法は、大正中期にボルドー液散布の予防策が全国に普及するまで継続した。

前にも書いたが、山梨県では宮崎光太郎の娘婿・木村三良が、明治四十年に学者に依頼してボルドー液による予防を実験農園で開始した。日本全国へボルドー液散布の有用性が広まるには十年以上もかかったことが判る。宮崎光太郎は観光農園としての葡萄酒醸造所に「宮光園」を造り、ぶどう狩り、工場見学、昇仙峡観光のプロジェクトを立ち上げた。この「宮光園」の運営には娘婿・木村三良の尽力によるところが大きい。おまけに、宮崎光太郎の孫、すなわち木村三良の息子は二代目宮崎光太郎となり、事業は着実に受け継がれていった。

「デラウェアが一房二〇〇〇円」で売られるのは毎年季節の便りになった。二〇一八年の四月中旬に山梨県の温室で栽培されたぶどうだ。この当時と比べて四か月も早い出荷だ。堅下村では、このような作業の後の八月十五日に「新葡萄初めて収獲す」。八月十九日「新葡萄二回目収獲す」と記載がある。八月二十六日からは本格的になり二十七日、三十日、九月一日、五日、六日、九日、十四日、十六日、十九日、二十一日、十月二日、四日、五日と「葡萄収獲す」が続く。この日記を解釈した高井浩は、太陽暦を使用しているこの日記の新ぶどうの収穫時期が早すぎる不思議を指摘した。早期収穫の理由を、「戦後キャンベル種で行われた幹に傷を付けて栄養が末端に届かなくすると、ぶどうが熟したように色づく現象を利用していた可能性がある」と指摘している。この方法では糖度は上がらないが、ぶどうは熟した態を表し、出荷できるような姿となることを利用したかもしれない。これは樹を痛め、樹の寿命を短くする。またその品種の信頼をなくすやり方だが、一時は高収入が得られたと考えられる。

収穫が終わった後十月十九日、二十二日、二十三日「葡萄木皮むきす」。十月二十八日「葡萄の株へ土持す」が最後の農作業記録である。

ぶどう栽培は、明治末期から昭和初期にかけての拡大が続いた。ぶどう栽培の拡大は病虫害予防、施肥、剪定法などの技術の進歩と、第一次世界大戦後の好景気に支えられたものだ。水田からぶどう畑への転換が行われた。このために山の斜面にもぶどう畑が広がり、堅下村より北東にある堅上村の山でもぶどう栽培が行われるようになった。

堅下村のぶどう栽培面積は、一九二一年に三十ヘクタール、一九二六年には一三二・五ヘクタール、一九三五年には二四〇ヘクタールとなった。この各年のぶどう生産高は、五五一トン、一九八八トン、三六〇〇トンと増加した。後述する堅下村大県の山崎家の資料では、大県だけでも一九〇〇年に三・七六ヘクタール、一九〇一年に五・九七ヘクタール、一九〇二年に九・〇一ヘクタール、一九〇七年に四・二九ヘクタールの栽培面積があった。全国のぶどうの栽培面積は一九三三年に一万ヘクタールを超えて、一九三五年には一万五〇〇ヘクタールのピークを迎えた。その頃、大阪府のぶどう生産は日本一で、大阪府の栽培面積は八六六ヘクタールで、そのうち堅下村は三十パーセント近くを占めて最大の栽培面積だった。

大阪府のぶどう生産が日本一であった証拠は、「ヒットラーが柏原に来た写真がある」という、私の主催する「にこにこ健康教室」に参加したUさんの発言が発端だ。

Uさんは、奈良街道沿いの旧家でこの時の写真集作成に協力したという。だがヒトラーが日本に来た事実はない。柏原を訪問したのは、ヒトラーの青少年団である「ヒトラーユーゲント」だ。

インターネットで検索すると、彼らは東京訪問だけでなく、日本一のぶどう生産量を誇っていた大阪府柏原のぶどう園も訪問したことが判明した。訪問した証拠写真を写真アルバム『八尾・柏原の昭和』（樹林社　二〇一七年発行　名古屋市）で見つけた。私の強いお願いにUさんが翌日、この二六三ページの重い本を持ってきてくれた。

「ヒトラーユーゲントの一行の堅下ぶどう園視察団」と名付けられた貴重な写真は三十名ほどの集合写真で、背景の左後方には山があるが、ぶどう棚なども無く場所や時間は特定できない。前方に帽子をかぶって座っているのが十五名ほどの日本人で、中央から右寄りの十五名ほどがドイツ青年に見える。日独防共協定締結に伴い、一九三八年に日本とドイツの同盟強化の一環として青年相互訪問が行われた時期だ。

ぶどうの商品価値を高めるために、高井作次郎は一九一二年からぶどうの冷蔵貯蔵を始めた。摂氏二度で長期間貯蔵することで遅れて出荷できた。このため冬場のぶどうは高値で販売できた。この冷蔵庫「蔵」は今でもカタシモワイナリー本社に残っている。初めの訪問で見せてもらった。実際に蔵の中に入るとヒンヤリする。さらに一九一七年に堅下のぶどう生産技術開発を担っていた二十名（大平寺の高井豊次郎、高井作次郎、坂口清次郎、大県の山崎醇治、増井啓二、平野の中野友吉朗ら）によって、ぶどうの温室栽培が始まった。これによって早期の出荷が可能となり、初夏から冬まで長い期間出荷することが可能になった。長期のぶどうの収穫により農家の収入は安定した。

一九二七年に国分駅が完成すると、電車によるぶどうの輸送が可能となった。写真アルバム『八尾・柏原の昭和』の中には、ぶどう選別、集荷もある。トラックで運んだ様子もわかる。八十五ページには○の中に臨の字が書かれた、ぶどう運搬用の臨時列車が停車している写真がある。東京をはじめ北海道から九州まで全国に堅下ぶどうが出荷された。一九二〇年から一九三五年までの堅下地区のぶどう農家の反（〇・一ヘクタール）当たりの最高収入は二〇〇〇円だった。当時のサラリーマンの年収は約四〇〇円だったことから、ぶどう農家はサラリーマンと比べ平均五倍もの高収入だった。この頃が食用ぶどうの最盛期だった。

大阪の温室栽培は一八八二年に始まった。堅下村より少し早く「播州葡萄園」では日本初の温室建設が行われた。「播州葡萄園」の成果は、岡山の山内善男によって「マスカット・オブ・アレキサンドリア」を育てる温室ぶどうとして現在まで引き継がれている。この温室栽培は「播州葡萄園」の唯一で最大の功績になった。一九〇七年には八尾市でガラス温室によるぶどう栽培が始まった。一九二五年には七十棟、総面積八二五〇平方メートル（〇・八二ヘクタール）までに増加。昭和になるとさらに温室栽培は増加した。一九三五年の堅下村の温室数は一三五棟、栽培面積一・七ヘクタールとなり、栽培面積は大阪府の三ヘクタールの半数以上となり、さまざまな品種の栽培が試みられた。多くは「アレキサンドリア」だった。

一九二〇年に高井作次郎は葡萄酒醸造を始めた。二〇二〇年は一〇〇年目となる。大阪ワインが造られるきっかけは一九三四年の第一室戸台風だ。台風の被害を受けたぶどうを酒用に転用して、成功して生産量は増加した。ぶどうの新品種の導入も開始された。一九二六年の記録では「デラウェア」、「甲州三尺」、「キャンベル・アーリー」などが栽培された。甲州ぶどうは九十パーセント以上を占めていたが、当時は六十六パーセントまで低下した。

ぶどう栽培の大きな敵は病害虫だった。堅下では大正期になって間もなくフィロキセラが発見された。フィロキセラの世界的な流行からは約二十年遅れの発見だった。多くのぶどう樹が消滅したと推察されるが、詳しい記載がない。

「播州葡萄園」では、この害虫フィロキセラによりぶどうが全滅した。また愛知県の盛田葡萄園でも国内最大数のぶどうの木が全滅し、ワイン造りの夢を断念したことはすでに書いたが、すでにフィロキセラの対策法は確立していた。堅下村では、高井作次郎が免疫性の台木を越後（私の推察では川上善兵衛）から購入することで対応した。

一九一九年に堺市に設置された「大阪府農事試験場」は、各農家が独自に行っていた病害虫対策や栽培技術向上に重要な役割を果たした。一九二一年に堅下村二一九戸の農家によって「堅下ぶどう出荷組合」が設立。一九二四年には四十七戸によって「堅下ぶどう安堂出荷組合」が設立された。組合が組織されるまでは、個人が人力車や鉄道によって各地の果物問屋に納めなければならなかった。共同出荷により効率的かつ安定して市場に供給することが可能になり、農家の収入は安定した。

昭和初期には加温栽培も始まっていた。平野の中野喜作は、十二月下旬に加温を始めて六月に出荷した。石炭を燃料に使用した温水による暖房だった。一九二九年六月六日の大阪府天皇行幸の際に、ぶどう園を天覧した記録が残っている。しかし太平洋戦争が始まると、キラキラ光る温室はＢ29空襲の目標となるという理由で、一九四五年の三月までにすべて撤去された。

堅下村には、ぶどう栽培の技術向上を目指す人材が溢れていた。『柏原ぶどう物語』の記載の順に沿って大県の山崎家の資料を紹介する。

一九一七年に堅下のぶどう生産技術開発を担った二十名に名を連ねた堅下村大県の山崎醇治らによって、ぶどうの温室栽培が始まった。一九三五年には温室面積は一・七ヘクタールを超えた。

山崎醇治の温室は二十六棟あり、栽培面積は〇・三三ヘクタールもあり、高井作次郎、高井豊次郎の二倍もあった。山崎は出荷時期を長くするために加温と非加温で温室栽培した。品種は「アレキサンドリア」だった。

山崎家の記録には、一八四五年に京都からぶどうの苗木を持ち帰り植えたが失敗したと書かれている。「聚楽ぶどう」の可能性がある。

そして「ぶどうは最も美味な果実であり、西洋では葡萄酒などで幾千万人の人々を楽しませている。弘化二年からのぶどう栽培には失敗したが、一八八六年からは失敗を重ねながらも不撓不屈の精神で研究に励み、今日のぶどうの美味しさは甲州ぶどうを超え、世界に類を見ない最高の味のぶどうが造られるようになった」とある。

一九一一年から一九一五年にかけては各地の問屋からの売付通知書、はがきによる仮通知書が合計一二七枚残されている。まだこの頃は組合がないので、各農家が個別に各地の問屋にぶどうを卸していた。前の記載と重複するが、約十年後の一九二一年に初めて堅下村二一九戸の農家によって堅下ぶどう出荷組合が設立された。当時は温室栽培が始まっていなかったので、すべて露地栽培だった。出荷時期は八月三日から十一月一日であった。出荷先は大阪木津市場、大阪天満市場、大阪難波市場、大阪骨屋町市場、神戸海岸通り、神戸湊町、京都新町、京都五条市場、京都高倉錦市場、紀伊高野口町、伊勢山田、名古屋中央市場などとなっていた。当時の鉄道などの輸送能力と出荷量を考察すると、二〇〇キロメートル以上も離れた名古屋まで出荷されていたことは大変興味深い。私の勤める診療所の患者さんも、昭和初期には、ぶどうを伊勢山田まで近鉄に乗って行商した後に、帰りに野菜などを買って柏原でも商いをしていたという話をしてくれた。

シャトー・メルシャンワイン資料館には、宮崎光太郎が船から鉄道輸送の変更に伴って、ぶどうに輸送で傷がつくのを心配した書簡があった。ぶどう農家として、大切な商品の取り扱いには細心の注意を要するところだった。

「明治三十一年一月　村中申合規約」の大阪中河内郡堅下村大字大県には、大県の村内規約十九条が記されている。その第十三には「葡萄棚道路架出候者は一坪に付金五分出金の事」とある。当時道路上にぶどう棚が作られたことが大問題だった。私は路上のぶどう棚はノスタルジックな良い写真として見なしていたが。しかし生活している農民には、通行や農作業などの妨げとなり迷惑だった。

次にぶどう栽培面積、売上高、栽培人数を『柏原ぶどう物語』から書く。「明治三十三年度　葡萄売上控簿　大字大県」には、一九〇〇年から一九〇七年までの記録がある。カッコ内は現在の推定金額。一九〇〇年には栽培面積三・七六ヘクタール、売上高四四一〇円（八八二〇万円）、栽培人数六十五人が、一九〇二年には栽培面積九・〇一ヘクタール、売上高八七九三円（一億七五八六万円）、栽培人数六十六人となり、売上高は最高になった。その後も栽培面積は増加するが、売上高は著しく低下した。一九〇五年には栽培面積九・六一ヘクタール、売上高一四九五円（二九九〇万円）、栽培人数五十九人となった。売上高はピーク時の十七パーセントにまで激減した。翌年の一九〇六年には栽培面積は五・一二ヘクタール、栽培農家も五十六名に減少した。

ぶどうの苗木を植えてぶどうを収穫するには、少なくとも三年はかかる。農作物であるので栽培面積の増加が直ちには売上高の増加にはつながらない。さらに解析すると、栽培面積当たりの売上高は一九〇〇年一一〇〇円（二二〇〇万円）／ヘクタール、一九〇二年九〇〇円（一八〇〇万円）／ヘクタール、一九〇五年一五〇円（三〇〇万円）／ヘクタールとなり、栽培面積は増加しても収益性は増加するどころか、十分の一以下に著しく低下した。

この売上高減少の原因は『柏原ぶどう物語』では言及されていない。一九〇〇年から一九〇五年は日露戦争の前後で景気は良かったはずだ。原因は堅下村をはじめ大阪府のぶどうの増産によって過剰に供給されたために単価が急落した可能性がある。もう一つの可能性は、当時戦費調達のために国家財政は逼迫し、超インフレになっていた可能性もある。庶民はぶどうを買う余裕がなかったのかもしれない。

司馬遼太郎は『坂の上の雲』で、日露戦争における砲弾が常時不足していたことや外国からの資金調達について書いている。

この小説では、日英同盟は日本への海外からの戦争資金の調達や、バルチック艦隊の寄港、英国の同盟国での無煙炭の調達拒否に貢献した。日露戦争は国家予算の五倍もの膨大な費用がかかった。「砲弾を作る予算」がないからといって、旅順での戦闘を待機することはできなかった。

日露戦争ではバルチック艦隊（第二太平洋艦隊と第三太平洋艦隊）はリバウの港（ラトビア語で「リエパーヤ」）から十月十五日に出発した。この街こそ、私が開発した骨切り手術を習得するために私のもとへ留学したルンド大学のケステリス先生の生誕地だ。何という偶然なのだろうか。私は「股関節手術の講演」で訪問したラトビアの、小さく波立ったリバウの近くの美しい海岸にたたずんだ。そしてロシア太平洋艦隊の出航を思い浮かべた。この先の約五十キロメートル先には軍港があった。雲一つない快晴だ。気温は二十度。さわやかな風が肌に心地よい。

スエズ運河は一部のバルチック艦隊だけしか航行できなかった。そのため主の艦隊は南アフリカの喜望峰を通過して合流した後に翌年五月に日本海に到達した。戦闘意欲が削がれていたバルチック艦隊は、壊滅的な損害を受け敗退した。しかし、司馬遼太郎も書いているように「日本とロシアの何方が戦争に勝ったのか？」の疑問は湧く。その証拠に日露戦争のポーツマス条約では、ロシアから多額の戦費を帳消しにするような賠償金を得ることはできなかったからだ。

庶民にとって「大阪ぶどう」は贅沢品だった。「安い・美味い・種類が豊富」なぶどうではなかった。「明治三十四年度　作物取調控簿　大字大県」にも栽培面積、代金などが記されている。明治三十四年の栽培面積が九・五ヘクタールとなっているので、先の売上控簿五・九七ヘクタールとは大きく違っている。『柏原ぶどう物語』には数値に乖離《かいり》がないとしているが、資料の取集に差があると私は考えた。売上代金についても検討が必要である。

「□□拾年　全国葡萄栽培者名簿　山崎家」と書かれた資料には、北海道から鹿児島までと台湾、中国、朝鮮の栽培者も記入されている。

□□には昭和の文字が入ると推定される。ただし資料にはすべての栽培農家が記されているわけではなく、各府県に数名ずつが記録されているのみ。記録方法、目的、利用方法などは不明なので、さらなる検証が必要だ。このほかにも二十名もの出荷組合を結成した有力な農家があったので、それらの資料を合わせればより明確なぶどうの歴史を書くことができる。

前述したように太平洋戦争が始まると、柏原市のぶどう栽培は温室が空襲目標になるという理由で一九四五年三月までに完全に撤去された。

一九四五年三月十三日、B29による第一回大阪大空襲が大阪中心部に対して夜間に行われ、約四〇〇〇名という甚大な死者・行方不明者が出た。幸い七回の大阪空襲で大阪郊外にあった柏原ぶどう園が被害を受けたとする記録は見つからなかった。

少し遡ると、終戦を迎えるまで酒類は厳しい統制下にあった。特に食料の米から造る日本酒は厳しい統制を受けた。日本酒を飲むのは非国民だった。太平洋戦争中はほかの果実が生産統制される中、例外的に、ぶどうだけは栽培面積を減らさなかった。理由は、葡萄酒に含まれる酒石酸が電波探知機に必要だったからだ。酒石酸には電波探知機に必要な「ロッシェル酸」が含まれている。酒石の結晶体が音波を敏感にキャッチする聴音材になることから、潜水艦や魚雷を探知するために使用された。酒石酸を取り出すためだけに葡萄酒にして軍事用に供出された。

こうした理由からネットで「ワインは兵器」というセンセーショナルなタイトルを発見した。しかし「酒石酸を取り出したワイン」は酸化の防止ができず、不味くてとても飲める代物ではなかった。軍事用に酒石酸を供出するために一九四一年、堅下村大平寺に「中河内ブドウ酒醸造組合」が設置された。同様に全国のぶどう産地では酒石酸を集めるための組合が出来た。甲州などのワイン産地も酒石酸を製造する組合を設置したという書類を「宮光園」の展示で見つけた。

ぶどうの作付面積は『柏原町誌』によると、一九三九年に一五〇ヘクタールだったものが、一九四五年には一三五ヘクタールへ約十パーセント減少した。兵役による農業人口の減少や肥料不足による生産性の低下、品質の低下は防ぐことはできなかった。同様に甲州でも兵役のための労働者が不足して、ぶどうの生産と維持管理に問題を生じた。

柏原では戦後に栽培面積は徐々に増加し、一九五二年には一七四ヘクタールとなった。ワインの生産量は一九三九年に九一八キロリットル（五一〇〇石、一石は一八〇リットル）、一九四三年一九〇八キロリットル（一万六〇〇石）、一九四四年には三三〇〇キロリットル（一万八三三三石）と三・

六倍も急増した。これは酒石酸を取り出す目的によりワイン醸造が増加した結果だった。一般の国民の観点から、戦争中に美味しいワインなどを嗜むことは非国民的行為だった。ワインの美味しさを知っていた日本国民は多くはなかったことも事実だ。

戦後、ぶどうの生産は徐々に回復した。しかしワインの醸造は著明に減少し、一九四五年から一九四九年までに毎年減少し、ついには一〇〇分の一以下にまで激減した。一九四五年から一九四九年までの各年の生産量は一八八キロリットル（一〇四四石）、一七二キロリットル（九五五石）、二十一キロリットル（一一七石）、一・三キロリットル（七石）になった。葡萄酒生産業者にとって存亡の危機的状況だった。

戦後、ワインの生産は日本のどの地区でも同じように低下したかを調べる必要がある。おそらく戦中・戦後の食糧難から贅沢品・嗜好品であるワインはいまだ日本人の食文化となっていなかったために、最初に消費から省かれたと思われる。ワイン製造業者にとって、戦争直後は収入が断たれた試練の年月だった。

ぶどう生産はその後に復興したが、さらに自然災害による試練の連続だった。

一九五〇年は「ジェーン台風」、一九六一年には「第二室戸台風」によって堅下村のぶどうは壊滅的な被害を受けた。その後ぶどうの栽培は復興されたが、栽培面積（ぶどうの生産）は減少した。

理由は、台風による自然災害だけでなく、高度経済成長の波及により柏原でも住宅造成が急速に進められ、ぶどう畑が激減したことによる。特に平地部で鉄道に近いぶどう畑は次々と宅地造成されて消滅した。

さらに、ぶどうの生産が他地域と競合するようになった。また嗜好の変化によりぶどうの需要も減少した。Uさんの論文に書かれた、大消費地の大阪に近いという柏原の近郊農業の立地の優位性はすでに揺らいでいた。

高度経済成長で若いサラリーマンが急増した。ぶどう農業の利益率が相対的に低下し、専業農家は減少した。ぶどう農家が高齢化したことによって、農業の労働人口は減少し、それとともにぶどう生産も減少した。

このぶどう農家の構造的問題は米作り農家と変わらない。ただし米作りは日本の基盤的食糧として、減反など保護政策の対象で国の補助金を得ることができるという大きな利点がある。


「種なしぶどう」の出現は、需要低下の歯止めに一定の効果があった。一九六〇年にジベレリン処理によって「種なしぶどう」の生産が開始された。特に羽曳野市での、種なしぶどうの開発が日本のぶどう産業を活性化する源になった。

「種なしぶどう」を私は海外のスーパーマーケットや市場で発見していない。ヨーロッパやアメリカでぶどうを買うと、ほとんどすべてが「種ありぶどう」。しかもぶどうの粒の大きさも不揃いだ。種を吐き出すのに苦労する。西洋人にとって「ぶどうは皮ごと食べる」もので、「種も咬み砕いて食べる」のが常識。多くの日本人、少なくとも私の味覚の常識とは乖離している。

友人のスウェーデン人たちは味覚のスペクトラムが狭いと私は勝手に決めつけていた。つまり彼らは「果物の甘さや美味しさが解っていない」と批判してきた。しかし「皮の部分や種もぶどうの味のエッセンス」と彼らは主張する。そう、私たち日本人こそ多様性に欠けていた。日本人こそ特殊なのだ。種があっても、皮を食べてもいいと思う。見栄えなんか気にすることはないのだ。

さらに海外では、ぶどうが古くなって腐っていても売られている。果物は、ぶどうだけでなく、イチゴやリンゴも同様に堂々と店頭に並んでいる。このようなとんでもなく見栄えの悪い果物でも、結構高価だ。しかも味はお世辞にも美味いとは言えないものが。日本では賞味期限を厳格にして食材の三分の一が廃棄されている。フードロスの由々しき問題だ。外国人にとっては、もちろん私にとっても、石川県産の一房五十五万円もする高級ぶどう「ルビーロマン」などはクレージーすぎる。

一九五六年には「堅下ぶどう観光協会」が結成された。ぶどう出荷だけに頼る農業からぶどう狩りによる観光農園へと転換する農家が増加した。前に書いたように山梨県祝村の「宮光園」によるぶどう狩りと昇仙峡への宿泊観光が始まったのは一九〇七年だ。大阪での観光農園の開始は「宮光園」から五十年も過ぎてから始まった。宮崎光太郎に抜群の先見性があったことを端的に示すものだ。「宮光園」の写真に残された多数のセピア色の記念写真から、消費地から離れた山梨では皇室・宮家や地方の経営者を招待していたことがうかがえる。ぶどうを献上することから得た「宮内庁御用達」の看板は大いに宣伝に役立った。また、彼らがぶどうを戦地に提供した写真も見つけた。

全国のぶどう生産の変遷について述べる。

　全国の作付面積は一九〇五年には一八四〇ヘクタールであった。一九三三年には一万ヘクタールとなった。一九三八年からは一万ヘクタールを割り込んだ。戦争中は約八〇〇〇ヘクタールから一九四五年には約五〇〇〇ヘクタールまで減少した。一九五一年までは五〇〇〇ヘクタール以下に低迷していた。一九五二年から全国でのぶどう生産は増加した。一九五七年には一万ヘクタールを超えた。一九七九年には三万三〇〇〇ヘクタールとなった。一九八一年には作付面積が減少し始めて、二〇〇九年には一万八三〇〇ヘクタールとなった。作付面積はピーク時の約六十パーセントになった。この物語を書いている二〇一八年には一万六〇〇〇ヘクタール未満となり、最盛期の作付面積の約五十八パーセントに減少した。

　一方、大阪府の作付面積は一〇〇〇ヘクタール以上あったが、一九三五年からは減少した。一九七五年には八〇二ヘクタール、一九八五年には七四五ヘクタール、一九九五年には六八五ヘクタールとさらに減少した。二〇〇九年には四七四ヘクタールでピーク時の五十パーセント以下の作付面積となり、全国の作付面積の低下よりも三十パーセントも減少した。二〇一六年の作付面積はさらに減少して四三〇ヘクタールになった。

　全国のぶどう収穫量は、一九七九年が三十五万二〇〇〇トンであったものが、二〇〇九年には二十万二二〇〇トンに減少した。収穫量はピーク時の約五十六パーセントに低下した。この物語を書いている二年前の二〇一六年には二十万トンとなり、最盛期の作付面積の約五十七パーセントとなった。作付面積に比例した生産量であった。

大阪のぶどうの収穫量は、一九六三年頃のピーク時に一万トンを超えていた。二〇〇九年は五九三〇トンであった。収穫量はピーク時の約六十パーセントに低下した。作付面積は五十パーセント以上も低下したが、収穫量は六十パーセントの低下にとどまった。

都道府県別では、昭和初期にはぶどうの栽培面積は「大阪府が日本一」だった。しかし二〇一五年の農林水産省の統計では全国七位に低下した。収穫量も一位山梨四万一四〇〇トン、二位長野二万二八三〇トン、三位山形一万八二〇〇トン、四位北海道一万七二二〇トン、五位岡山一万六三〇〇トン、六位福岡八三三〇トン、七位大阪五〇〇〇トン、八位愛知四四五〇トンとなっている。しかし、大阪の単位面積当たりの収穫量は岡山に次いで二位と高い。

「農林水産省統計二〇一五年」から、最新のぶどうの栽培面積と収穫量を抽出する。統計は年度ごとに変化するので、最新のデータが知りたい読者はウェブを参照していただきたい。前にも述べた全国のぶどう栽培面積一万六〇〇〇ヘクタール（二〇一八年）は長期低落傾向にある。今後十年間もこの傾向は変わらないと推定する。栽培面積の減少に比べてぶどう収穫量の低下は著しい。

柏原のぶどう栽培面積は、大阪府の統計と同様に減少した。一九三五年に五一〇ヘクタールあったものが、二〇〇九年には約一五〇ヘクタールとなった。二〇一六年にはさらに一三〇ヘクタールまで減少した。最盛期と比べると四分の一になった。大阪府での栽培面積収穫量は一位羽曳野市、二位柏原市、三位太子町、四位交野市、五位大阪狭山市である。ぶどうの作付面積と収穫量は今後も減少すると予測される。大阪府では柏原市は羽曳野市に次いで第二位の栽培面積と収穫量であり、ぶどうの栽培種類が豊富であり「デラウェア」が大阪府では最高である。他品種の栽培や観光農園および菓子類への加工などが柏原市の特徴になっている。一位の羽曳野市は「デラウェア」が中心。

ぶどうの品種は、かつては甲州種だった。戦後になると、小粒で色は赤く果肉が軟らかい「デラウェア」が取って代わった。生育期は八月上旬から中旬だ。ジベルリン処理によって種なしぶどうが登場したことで、生産性と消費は伸びた。ぶどう農家の指の爪は、ジベルリンによって紫色に変色することが今年のリウマチ学会の小冊子で症例報告されていた。爪が紫色になるのは有害ではないようだ。「デラウェア」は成育が早いので、温室栽培することで出荷時期を早めて高価で販売することができる。

最近の嗜好は大粒で味の良い「巨峰」などの生産が増加している。「巨峰」は大粒の濃紫色で成熟期は九月初旬から十月である。「マスカット・ベリーA」は房が大きく濃い藍紫色であり、酸味と甘みのバランスが良く、赤ワインの原料となる。八月下旬から九月下旬が成熟期である。「ピオーネ」は紫色の大粒で甘みがあり、成熟期は八月下旬から九月下旬である。「ネオマスカット」は薄い緑色で香りが良く、果肉がよく締まっている。

私はぶどうをより理解するためにいろいろな種類を試食した。さらに産地ごとの色、艶、甘味、酸味、香りを比較もした。さまざまな努力で日本のぶどうの販売は四月から十月と長くなった。真冬にはないはずのオーストラリア産ぶどうをスーパーで発見した。

ぶどう生産減少の理由は、需要の減少として日本の人口減少、嗜好品の多様化、生産の低下として商品価格の低迷、生産者の高齢化、ぶどうの土地維持管理の困難が大きな要因になる。これらの複数の要因の解決は生産者だけでは不可能だ。ぶどう生産ならびにワイン生産の維持には、これらの要因に対する確実で具体的な対応が必要。

ぶどうを食べる習慣は乳児期から始まる。私の孫のアンちゃんでも油断していると「デラウェア」を一房も食べてしまう。しかし年長児になるとイチゴ、ミカン、パイナップル、リンゴ、メロンも大好きになる。さらにバナナもキウイもスイカも好きだ。ぶどうは好きなフルーツの一つに過ぎなくなる。これらの果物で造られたお酒だってある。

一房一〇〇万円もするぶどうなどは庶民の手には入らない。海外への輸出を図ることは一つの解決策になる。他の果物や牛肉のようにクール・ジャパン「日本ブランド」として香港、台湾へ輸出量の九十五パーセントの約一一〇〇トン、五パーセントの約五十トンはシンガポール、マカオ、タイなどの富裕層へ輸出されている。したがって巨大な中国大陸市場へ輸出量を増やすのも一つの解決策だ。

今後も生産者の高齢化は避けられない。省力化のために例えば温度調整など人工知能（ＡＩ）を活用した生産管理も取り入れるべきだろう。商品の劣化によって廃棄される果物も活用すべきだ。食物は、不揃いでも食べてしまえば同じだ。少し傷んでいるだけですべてを廃棄対象とせずに、安価で提供することも必要だ。一時話題になった「食の安全」は、基準が厳しすぎると廃棄食料（フードロス）が増加する。残留農薬や放射線の基準もそうだ。国際基準と比べて日本は食品管理基準が厳しい。すべてに完璧な基準を求める必要はない。

甲州勝沼の宮崎光太郎は、汽車の開通によって東京市場への大量で迅速な運搬が可能となった一九〇二年に、鉄道運送によってぶどうが傷つくことを心配する手紙を残している。今まで行われてきた船による輸送でも、ある程度のぶどうの損傷はあった。舟や荷車と比べて、鉄道によって定時に迅速に、安価で、大量に輸送が可能になった。運搬のコストを要しない地産地消の例として「観光ぶどう狩り」も地域創生の観点から推奨されるべきだ。

ぶどう農家の資金集めとして、ぶどう畑のオーナーになる投資の募集だけでなく、クラウド・ファウンディングなど民間の資金調達運動を開始すべきだ。一反の土地を買ってぶどうを生産委託することは相当な資金が必要となるのでハードルは高い。ぶどうの木一本のオーナーになることなら一市民でも困難ではない。私のように大阪ワインを愛する多数の声なきファンや賛同者は大勢いる。このアイデアを、高井さんをはじめとする大阪ワイン経営者および大阪ワインのファンとすぐに実行したい。

大阪ワインは、甲州ワインや官営「播州葡萄園」や「札幌葡萄醸造所」とはほとんど接点がなかったと考えられる。大阪ワインは民間による事業であり、後者はお上が決めた殖産興業国策だった。『河内名所図会』の巻ノ二　石川郡富田林には「名産葡萄は農家の前栽に棚作り、多く栽る。葡萄酒もこの地の名産としらる」とあり、一八〇一年以前から葡萄酒を作っていたと記録されている。

一八七六年に大久保利通の殖産興業政策によって、甲州ぶどうが新宿御苑から藤井寺市沢田のぶどう試験園に移植されたと言われる。荒地の山で栽培できるぶどうで酒類を造ることが奨励された。米や穀物を原料とする日本酒や焼酎は、統制によって生産量を減らすようになった。明治政府は島根県、鳥取県、大阪府、兵庫県、栃木県、宮城県に甲州ぶどうの拡大、栽培を奨励した。しかし、ぶどうの苗を移植されただけで農民の血と汗の努力がなければ、無に帰してしまう。

新宿御苑から移植された甲州ぶどう樹は、大阪府の篤志家五人のうち中野喜平だけが移植に成功した。彼こそ大阪ぶどう誕生の貢献者だ。そのぶどうは一九一七年になってワインとして出荷された。その中で高井作次郎によるワイン醸造への貢献が最も大きい。当初はワインの醸造は、製品として出荷できない二級品や、台風によって被害を受けたぶどうを活用することから始められた。大阪ワインの歴史は古くはない。一〇〇年を過ぎたばかり。大阪ワインは明治政府による国営事業ではないので、一九一七年以後も高度なハード面、ソフト面（醸造技術）は導入が遅れた。その結果、醸造技術も極めて未熟だった。

第十二章　大阪ワインに未来はあるのか？

私は仰天した。

私の診療所で内科を担当していた阪大卒業のK先生は、学生時代に千里丘陵で開催された大阪万国博覧会の頃に飲んだ「大阪ワイン」は「超マズかった」と証言した。その大阪ワインのメーカーは「チョーヤ」で「蝶矢」と書く。

「まずい」ワインが、梅酒の全国ブランドの「チョーヤ」と繋がっているとは。調べるとチョーヤの創業者・金銅住太郎さんは、一九二四年からワインを恵比寿印「生葡萄酒」として製造販売したとある。

倉庫に「蝶矢ブドー酒」と大きく書かれている一枚の写真をホームページで見つけた。チョーヤの本社「チョーヤフーズ株式会社」は柏原市のすぐ隣の羽曳野市駒ヶ谷一二九－一番地にある。私の診療所からは二キロの至近距離。羽曳野市の地図を見ると、有名な紀州梅の産地からも近い。美味しい梅を確保するには最適だった。さらに飛鳥ワインや河内ワインに近接している。

「チョーヤがなぜワインをやめたか？」を知りたかった。昭和三十年代にフランスのワイン産地を視察した金銅さんは、「日本のワイン造りに将来はない」と判断した。ワイン造りに適した美味しいぶどうが安価で大量に生産される現場を目の当たりし、ぶどう生産のレベルに質量ともに歴然とした差があることに気づいた。恐るべき金堂さんの洞察力と決断力だ。遅かれ早かれ輸入自由化により、頑張っても外国産ワインには勝てないと、将来のワイン造りを悲観した。

チョーヤのホームページには、梅酒は原産地である中国の長江領域から弥生時代に伝わったとされる。梅酒の歴史は少なくとも三〇〇年前に書かれた『本朝食鑑』にある。当時は砂糖が超高価で、一般庶民は梅酒を飲むことはできなかった。さらに江戸時代には、「梅干し」や「梅酒」といった、梅を加工する文化が定着した。また、江戸時代後期の農業書『広益国産考』には、「梅を植えて農家の利益をあげることについて」という項目がある。当時の農業書を見ていくと、加工した梅を自分たちが食べるだけでなく、副業としての梅の栽培、加工販売が強く推奨された。複数の農産物を造ることは、収入の増加とリスクの分散につながった。

チョーヤの梅酒販売は発展して、一九六六年には私が住んでいる名古屋に最初の営業所が出来た。一九九〇年にはドイツのジュッセルドルフにも事務所を開設した。今では梅酒の品質では世界一と言える。一九五九年からワインを見限って本格梅酒の製造販売を開始。チョーヤは日本酒や焼酎とは争いがない梅酒に特化した。約四十年後には世界一の梅酒メーカーとなった。ここまで到達するには相当な汗と涙が必要だ。

一方ワイン造りを頑《かたくな》に続けたワイン業者にとってもイバラの道だった。

一〇〇社あった大阪のワイナリーは次々に廃業した。カタシモワインにも衝撃の事実があった。「俺の代で会社を潰しても納得できる」。私と同い年の高井さんは一九七六年に脱サラ。二十五歳の時だ。サラリーマンを辞め、将来が見通せないワイナリー事業の継承を決意した。

当時は「サラリーマンは気楽な稼業ときたもんだ」と植木等の歌詞がピッタリくる風潮だった。曲名は「スーダラ節」、一九六一年にリリース。学歴社会・終身雇用社会だった。終身雇用で給料は年功序列に上昇。大量消費時代の真っただ中。男は誰もが中産階級を目指しモーレツに働く。女は結婚して子供を産んで育てる。価値観が一つだけの解りやすい時代だった。幸福とは、ステレオタイプの人生設計に沿って生きることだった。

高井さんの父親が、空いているワインの設備で製品を完成させたのが「ひやしあめ」だ。名前も味も昭和そのもの。毎年夏が最盛期で注文が多い。今年八月の初めに本社工場前に「ひやしあめ」の段ボール箱が高く積み上げられていた。私はこの「ひやしあめ」の水割りを本社の喫茶室でご馳走になった。ほのかな生姜《しょうが》の味と沖縄黒糖の甘味が懐かしい味だった。

以前から一九七〇年以前の大阪ワインの生産高が極めて低いことが気になっていた。「どうやって昭和四十年代の苦境を生き延びたか?」だ。

本社工場前に「なぜひやしあめがあるのか?」を尋ねた時に疑問は氷解した。この時代、大阪ワインは全く売れなかった。ワイン造りを続けるのもやめるのも苦渋の決断だった。昭和三十年代から昭和四十年代に大阪ワイン会社はことごとく廃業した。大阪ワインで残ったのはカタシモワイナリー、そして河内ワインと飛鳥ワインの三社のみになった。

まず大阪ワインの問題点を明らかにするために、第一章にも登場した私の大学の副本部長のUさんの修士論文を紹介する。

前にも書いたように、私は科学的論文を書くのは得意だ。そもそも医学をはじめとする科学は、物事を単純な要素に分解して、現象を明確化する手法だ。部分を単純化して、その要素をバラバラにした後に、結果を総合することで研究対象の本質を理解しようとするもの。しかしおのおのの実験的手法によって得られる測定結果は、ある特定の限られた条件での現象に過ぎない。さらなる複数の条件が加われば結果は違うという危うさがある。「全体は部分の総和である」とする仮説は通用しない。分解した要素をすべて積分しても、何かが足りなくなることはしばしば起こる。複雑な条件が多くある医学や経済などでは抽出できなかった「未知の条件」が重要となる。未知なる条件を探求することこそ研究の醍醐味《だいごみ》となる。

まず私の研究者としての立場を説明する。すでに紹介したように二〇一九年末までの査読のある科学的論文は、英語で一八〇編、日本語で五〇〇編以上。医師の研究指導をして博士論文となったものは十名。論文の構成はタイトル、著者名、背景、目的、方法、対象・症例、結果、考察の順だ。最も難しいのはタイトルだ。タイトルは研究内容を簡潔に表して強烈なインパクトのあるものがベスト。

まず背景で「なぜこの研究に至ったかの理由」を詳しく述べる。次いで目的「何が疑問であり、何を明らかにするか？」を述べる。できれば先行研究から「どのような結論と推定されるか？」の仮説を立てる。

解析方法として論理的証明は実験、観察、実態調査に基づいて行う。仮説にあわせて恣意《しい》的に対象を選択してはならない。なぜなら選択バイアスを生じる可能性があるからだ。対象・症例の採用基準と除外基準を明確にすることは必須。エビデンスのレベルは無作為抽出法（ブラインド）による調査が最高になる。また結果の出るものだけを安易に追求してはならない。なぜなら、いつまでたっても困難な問題は放置されたままだから。この文章を書いていると、スウェーデンのルンド大学本部の向かい側に毅然と建っている「真実に向かって壁を打ち破る青年の像」を想い出す。灰色の石像の高さは約二メートル。今にも困難に立ち向かって岩をブレイク・スルーする強烈な情熱を感じる。

論文には、実験結果である図表を解りやすく記載することも重要だ。ＳＴＡＰ細胞事件のように画像やデータを加工・捏造《ねつぞう》することは言語道断だ。結果は科学的に適切な統計処理を行う。さらになぜこのような結果になったかを深く考察すれば、理想的な論文となる。先行研究と比較検討する。論文の限界と問題点を述べ、さらに将来展望、今後研究すべき項目を述べる。巻末には引用した文献の一覧をつける。以上の行程で論文は完成。

投稿する雑誌の選択が重要だ。まずは優れた研究なら高いインパクトファクター（ＩＦ）のある英語で投稿すべき。英語で投稿する理由は、ジャーナルの質が高く、レフリーが的確で普遍的な書き方を指南してくれるから。もちろん英語が下手ならアクセプトされる可能性は極めて低くなるのは間違いない。

さて論文の書き方はこのくらいにして、ワイン修士のUさんの修士論文を解剖することにしよう。彼の名誉のために「彼の論文の非難ではない」ことを申し添えておく。ただ解剖対象としたことは少し申し訳なく思う。論文は「大阪産品の地域ブランド戦略―ワインを例として―」『創造都市研究e』十巻一号（大阪市立大学大学院創造都市研究科電子ジャーナル　二〇一五年）に掲載された。

私がこの抄録集のコピーを彼から手に入れたのは二〇一七年十二月。研究に使用した資料をそのまま全部借りようという甘い魂胆だった。残念なことに借してもらった資料は二冊の本のみ。『大阪ワイン物語』を書き始めて九か月後に、今書いている私の記述の正確さの評価をUさんにお願いした。いつもにこやかな彼が、神妙な顔つきで私のところにやって来た。実は資料は段ボールに大量にあるので必要なものは届けるとのこと。大量の資料をプリントして見せてくれた。しかし層状に積んである資料は役立たないと思う。

大阪ぶどうの話に戻る。一九三五年頃は、確かに大阪がかつて日本一のぶどうの産地だった。しかし大阪ワインは生産量も品質も日本一になったことはない。「ぶどう」イコール「ワイン」ではない。大阪のぶどうは生食用がメインだった。大都市大阪という消費地に近いので、ぶどう運送は容易だった。しかしワインの製造は山梨県などの先進地区と比べると、大阪ワインはワインに適したぶどうづくりやワイン造りの研究・実践、製造機器・製造技術は著しく遅れていた。甲州のように温泉をセットにした大掛かりな観光ツアーも計画されなかった。皇室を招く派手な宣伝もしなかった。何度も繰り返すが、一九八〇年くらいまでは日本人はワインを日常的に愛飲することはなかった。大阪ワインにとって苦難が長く続いた。それまではワインといえば「フランスワイン」だった。さらに国産ワインなら「赤玉ポートワイン」だった。

Uさんの論文には二つの目的が書いてある。第一の目的は、大阪ワイン復興のブランド戦略。第二の目的として、振興政策が成功している山梨県と長野県の事例を参考に今後の大阪の政策を考える、となっている。「伝統ある大阪ワインが本当に存在したか?」という疑問がある。論文の研究手法はSWAT分析（強味、弱み、機会、脅威の略）。この古典的分析法は各要素を単純化できているようにも見える。しかし、この分析方法では歴史的要因（時間）や平面的要因・空間的要因を含んでいない。作り手のぶどう農家も衰退しているという要素も含まれない。ぶどうは、日本の稲作農家と同じ構図だが、稲作農業よりも休耕に対する政策的補償がないことからさらに劣悪だ。かつてはサラリーマンの年収の五倍もあったぶどう農家の収入は激減した。ぶどう農家の高齢化、後継者の減少、ぶどう畑の栽培面積の縮小など収益の悪化は、若者が継承するには展望がない。最近の四十年間この状態は変わらない。柏原市周辺のぶどう畑の坂に多くの住宅が建てられて四十年以上も経過した。住民は七十歳以上になり、住宅周辺の急な坂の上り下りは厳しい。

Uさんの論文で強調する強みの「大都市大阪に近い」ことは意味がない。むしろ近すぎて宿泊する必要がないことが問題だ。今やワインはメーカーのホームページから注文すれば北海道や沖縄でさえ翌日にも配達される。しかしヒトの移動は情報のように瞬時かつ大量には不能だ。

Uさんの論文の話に戻る。大阪にワイナリーが集積していることは、ぶどう農家にとって輸送費は安価という強みがある。しかし農地が高価なことから、ぶどう畑の住宅化や耕作放棄が進行した。論文では、「強みは食品店とのコラボがある」としている。しかし産地柏原市内のレストランや居酒屋さえ、大阪ワインを常備している店はほとんどない。機会についてては大消費地大阪を背後に有しているのは事実。また大阪は「食」への意識が強いのも事実。しかし「調査事実」は本当かという問題がある。調査するサンプリングによって結果は大きく異なる。今年になって日本の基本統計のずさんさが指摘されている。調査が信頼できるかが論文の質の優劣を決める。

したがって、大阪が「ワイン」への意識が特に強いと断定はできない。「日本ワインの人気」は高まっているのは事実だろうが、「大阪ワインの人気」が高いとは言えない。値段が安いチリワインだっていい。さらに大阪だけでなく、安くておいしければ、アルコールはワインでなくても焼酎・日本酒・梅酒だっていい。世界的に有名になった日本ウイスキーでもいい。驚きは、地元の柏原市にある私の大学教員たちのわずか三分の一しか「大阪ワイン」があることさえ認識していないこと。

日本一ワイン造りが盛んな甲州は全然違う。甲州では冠婚葬祭は「とりあえずワイン」になる。ビールではない。お盆もクリスマスもワインだ。「そんな時に一升瓶で大量に買っていく」と「宮光園」

隣のワイナリーの工場長が店に並んだ一升瓶を指さして教えてくれた。地域にワインは根づいている。大阪には冠婚葬祭にワインを飲む風習はない。

Uさんの論文では「域内需要についてまず高めるべき」と書いてあるが、この考えは間違いだ。域内需要には大阪ワインの宣伝が必要だ。今やインターネットの時代。「大阪ワイナリー」七社が共同して全国（全世界）に向けて洗練された「おもろい」情報発信をすればいい。大阪ワインのイノベーションでは「優れたぶどう農家の経営健全化」と「美味しいワイン造りの技術の継承」が最も重要だと思う。

第十三章　大阪ワイナリー協会

大阪ワイナリー協会のホームページを見つけた。協会員はカタシモワイン、飛鳥ワイン、仲村わいん工房、河内ワイン、天使の羽ワイナリー、フジマル醸造所、寿屋清涼食品株式会社の七社。二〇一二年に大阪ワイナリー協会が発足した。事務局は大阪市阿倍野区にある。

この七社のうち、カタシモワイナリーのホームページは内容が最も充実している。ホームページで二番目に充実しているのは株式会社河内ワイン。一部は英語表記もあるが、もう少し詳しい説明も欲しい。例えばなぜ梅酒も製造・販売しているのか？　河内ワインには直営レストラン「金食堂」がある。その直営レストランで、ワインとのマリアージュを楽しみたい。三番目は飛鳥ワインだ。各ワイナリーもカタシモワイナリーに倣《なら》って歴史、ワイナリーの現状、商品、販売網、生産高、目標の画像を含めてバージョンアップしてほしい。私の希望は統一したホームページに定期的なバージョンアップをしてほしいことだ。また大阪ワイナリー協会の全体としての目的、ワイン造り、社会活動などを熱く語ってほしい。

ホームページの紹介順に、記載してある二〇一九年十一月の大阪ワイナリー協会の内容を原文のまま忠実に記載する。住所や連絡先などは省略した。

1．カタシモワインフード株式会社

大正3年創業。日本酒の製造技術を用いてワイン醸造を始めた、西日本では現存する最古のワイナリーです。

かつて日本一の産地だった大阪のぶどう畑を後世に残し、地域と共に歩んで行こうとワイナリーツアーやイベント等、様々な取り組みを積極的に行っています。

他社に先駆けて発売した「グラッパ」やたこ焼きに合うスパークリングワイン「たこシャン」等、日本人の味覚に合ったオリジナリティ溢れる商品を生み出し続けます。

2．飛鳥ワイン株式会社

昭和9年創業のワイン専門メーカーです。当社の葡萄園すべてが大阪エコ農産物の認証を取得、草生栽培や葡萄の剪定枝、搾りかす、ワインの澱などから堆肥を造り、畑に戻してやる循環型農業を行い、地球にやさしいワイン造りに取り組んでいます。

又、当社の自社農園100％の飛鳥ヴィンテージシリーズは国産ワインコンクールで度々入賞するなど高い評価を受けています。

3．仲村わいん工房

弊社では、設立当初から自家農園産でのブドウ造りにこだわり、全てのワインが100％自家農園のブドウから造られています。ユニークなラベルの看板商品、『がんこおやじの手造りわいん』と『手造りわいん　さちこ』は、ベストセラーとして皆様に親しまれています。

力強さの中にも優しさを併せ持つ味わいは、初めての人からワイン通まで多くの人々の心を魅了するワインです。よろしくお願いします。

4．株式会社河内ワイン

創業昭和九年、現在四代目となる当社は、毎年秋に開催する「新酒ワイン祭」や、月に一度のワイナリー見学会など、より多くの方にワインを楽しんでいただける催しを企画しており、またこれからも発信し続けます。

まだまだ若輩の社長ではありますが、美味しさへのこだわりと、楽しさの追及への情熱は人一倍です。八十年築き上げてきた歴史を大切にしながら、一世紀という節目に向けて、進化を重ね続けていきます。

5．株式会社ナチュラルファーム・グレープアンドワイン

ひめひこワイナリーを引き続き、装いも新たに天使の羽ワイナリーとして生まれ変わりました。

ワインも香り高くフレッシュで無濾過ワインを目指して醸造し、『にごりワイン』に辿り着きました。

小さなワイナリーですが、スタッフ一同こころざし高く頑張っておりますので、よろしくお願い申し上げます。

6. 島之内フジマル醸造所

2013年3月21日、大阪市内のど真ん中に誕生した都市型ワイナリー。醸造所から車で30分ほどの柏原市に約1haの畑を自社で管理。醸造所には併設のワイン食堂もあり、『ワイナリーに遊びに行く』ことができます。

7. 寿屋清涼食品株式会社

昭和9年創業の神田屋の流れを継承して2016年新たに生まれたワイナリー。

以上が大阪ワイナリー協会のホームページに書いてある記載の全部となる。

大阪ワイナリー協会の各会社のホームページも検索をした。前述したが、各社のホームページで最も記述が充実しているのは、西日本最古のカタシモワイナリーだ。その中には自社畑の案内、テイスティングとワイナリー見学、柏原ワインクラブ、河内ワインの説明があり、百年畑・大阪のワインとしてカタシモワイナリーの歴史が、明治初期に高井利三郎（現社長高井さんの曽祖父）がぶどう栽培に適した河内堅下村の南斜面を開拓して、大阪ぶどうの黄金期を築いたことから始まることが記されている。しかも二〇一八年のファミナリーズ世界コンクール二〇一八年（フランス開催）にて利果園（白）堅下本葡萄が銀賞など多くの受賞歴がある。すべての歴史や案内が英語でも併記されていることは素晴らしい。ホームページから受賞内容なども参照することも可能なので、すべてを検索するだけでも結構時間がかかる。文法的に怪しいのもあるが、英語でも書いてあるので国外からもアクセスできるユニバーサルなホームページになっている。

二番目に書いてある飛鳥ワインは、ボランティアによる廃園防止への取り組みが一番感動できる。大阪府羽曳野市飛鳥一一〇四番地にある。「飛鳥ワイン株式会社と竹内街道ワインクラブの活動」という西崎優子さんが書いた五ページの小論文をホームページで読むことができる。意地悪く言うと参考文献や考察がないので論文ではない。羽曳野市や太子町におけるワイン造りの歴史や飛鳥ワインやボランティア活動の取り組みが理解できる。最新のデータが二〇〇五年と古いことから現状と乖離し違っている可能性がある。この「論文」を要約すると、大阪府南河内地域は大阪の南東部に位置して金剛山系と泉北丘陵に囲まれた地域にある。大阪府南河内地区は瀬戸内海気候のために平坦部の年平均気温は十三度。年平均降水量は一三〇〇ミリメートルと雨は少ない。ちなみに大阪の年平均気温十六・九度、年平均降水量は一二七九ミリメートル。雨量は同じだが気温が四度も低い。

大阪府のぶどう栽培面積は一九九〇年には七一〇ヘクタールあったのが、二〇〇五年には四九〇ヘクタールに減少した。南河内地区では羽曳野市や太子町の丘陵地帯を中心に約三〇〇ヘクタールでぶどうが栽培されている。大阪府内の約三分の二を占めている。一九一五年から「デラウェア」が栽培された歴史があり、日本の代表的な「デラウェア」の産地だ。品種は「デラウェア」が九割を占めている。早期加温栽培から露地栽培まで家族労働で栽培管理され、四月下旬から八月中旬まで全国へ出荷される。専業農家の栽培面積は平均一・五ヘクタールだ。羽曳野市での「デラウェア」の栽培面積は一九八四年の二九六ヘクタールをピークに、二〇〇五年には八十二ヘクタールへと減少した。消費者の高級志向を反映して巨峰や「ピオーネ」へと転換したからだ。同様に柏原市でも高齢化による栽培放棄が栽培面積減少の大きな原因となった。

一九三四年の「第一室戸台風」によるぶどう農家救済処置として、多くのぶどう農家に醸造免許が交付された。この処置により飛鳥ワイン株式会社のワイン醸造が始まった。多くのワイン製造業者が出来た。しかし現状は南河内地区では飛鳥ワイン株式会社、株式会社河内ワイン、仲村わいん工房の三社だけになった。飛鳥ワインの創業は一九三四年。法人設立は一九六九年に仲村義雄さんによる。一九八一年に仲村裕三さんが入社した頃からワインブームが始まったと書かれている。一九九四年には次のワインブームとなり消費は一気に伸びた。しかし景気後退で消費は急減した。

国産ワインコンクールの受賞歴は、二〇〇三年の「青ワイン」が国産ワインコンクール奨励賞と

「梅ワイン」が国産ワインコンクール銅賞・最優秀カテゴリー賞に輝いたことに始まり、二〇一二年国産ワインコンクール銀賞を受けた。まだ国際コンクールでの受賞歴は記載がない。今後さらに国際的な挑戦を期待したい。特記すべきは二〇〇八年に大阪エコ産物第一号に認定されたことだ。

四番目の河内ワインの近くだと思っていたが、意外に遠かった。飛鳥ワイナリーはぶどう畑に囲まれている。店は小さくて目立たない。三メートル四方の売店には約三十種類のワインが展示してあった。一組が試飲していた。

「飛鳥ワイン」と書いてある赤ワインの二〇一三年「カベルネ・ソーヴィニヨン」と今年のしぼりたてワインを買った。

三番目には仲村わいん工房。飛鳥ワインに近い羽曳野市飛鳥一一八四番地に「仲村わいん工房」はある。しかも経営者は飛鳥ワインと同姓の仲村。「手をかければかけるほど良い葡萄ができる」「葡萄があかんかったら美味しいワインはでけへんのや」と、造り手の強い思いが書いてある。一九八八年に祖父の代から受け継がれてきた飛鳥の地でワインを造ると初代仲村光夫さん。水はけの良い畑を一人で開墾した。一九九三年にワイナリーがスタート。二代目は仲村現二さんが継いだ。三ヘクタールで自家栽培。生産量は一万本弱。赤ワインは「花」、「蝶」、「がんこおやじの手造りワイン」、「ゴールドがんこ」、「シルバーがんこ」。白ワインは「手造りワインさちこ」、「ゴールドさちこ」、「シルバーさちこ」などがある。価格は少し高めに設定だ。仲村わいん工房の評価は高い。『合本　ワイン。』でも九十九本の一本に選ばれた。

四番目の株式会社河内ワインは、柏原市の隣にある羽曳野市駒ヶ谷一〇二七番地だ。チョーヤ梅酒の本社、駒ヶ谷一二九の一番地と近い。しかも創業者の苗字は二社とも金銅と珍しい名前だ。苗字を検索すると、金銅の七十パーセント以上が大阪府に住んでいて、特に羽曳野市に多いことから納得。親戚ではないようだ。私の患者にも金銅さんがいる。地図で見ると羽曳野市駒ヶ谷は私の大学からわずか二キロメートルの距離で、車で五分。今年の二月に大学へ赴任して三年後にやっと訪れた。車で診療所前の高速道路の下をくぐり抜けて左折してすぐだ。看板は小さく見過ごしそう。左折して約二〇〇メートルにある「河内ワイン館」は、一階が試飲可能な掃除が行き届いたワインショップ。店中には若い男性店員が一人いた。ワインだけでなく四分の一のスペースで梅酒も展示していた。二階の北側には会社の歴史が書いてある。羽曳野が日本有数の産地の「デラウェアがジベルリン処理で種なしぶどうが出来た」ことが誇らしく解説されていた。

二階はイスが四十脚ほどある。おそらく団体用の試飲会場だろう。テーブルには「デラウェア」、「マスカット・ベリーA」などの名札が置いてあるが、ボトルは置かれていない。南の窓側にはぶどうの成長のカラー写真の展示があった。河内ワインは今年で八十五周年だ。帰りがけにマイクロバスで六名の高齢者の観光客が展示場へ来た。急いで赤ワインは「飲み頃」と書いてある二〇一四年の「カルベネ・ソビニオン」、白ワインは二〇一七年の「シャルドネ」の二本を買った。合計は五〇〇〇円余り。ほかの大阪ワインも購入して皆でテイスティングを計画している。「金食堂」という名のレストランが併設されている。店の前には昔の三輪自動車のダイハツ「ミゼット」が置いてあった。今から五十年は昔の車だ。ワイナリーの見学後に創作料理・膳所《ぜぜ》のお弁当が食べられる。白ワインなら和食とのマリアージュが良いとされる。ランチ付きの工場見学プランもある。ちなみに近鉄河内国分駅から南へ三分のところに「膳所」というレストランがある。このレストランと同一の経営者であることが行って判明。

株式会社河内ワインは一九九六年までは「金徳屋洋酒醸造所」という社名だった。大阪ワインの歴史でもすでに書いたが、一九三四年の室戸台風でぶどうが大被害を受けたことから、その救済処置としてワイン製造が許可された。創業者金銅徳一さんは果実酒免許を取得してワイン造りを開始した。ブランデー、リキュールなどの製造販売も行った。二代目の金銅一社長は一九六八年に会社を継承。一九七八年に河内産ぶどうを一〇〇パーセント使用した「河内ワイン」を製造販売した。一九九六年に一階ワインショップ、二階展示ホールのある「河内ワイン館」が完成した。一階では二十種類以上ものワインの試飲が可能だ。展示ホールでは河内ワイン初期の頃のラベルやビン、写真・資料が展示されている。ホームページでは資料がたくさんあるように見えたが、陳列棚は予想外に小さい。藍染の前掛けには「金徳屋洋酒醸造所」と下に書かれていたが、ワインまたは葡萄酒とは書いてない。

充実したホームページを見ると「夜のぶどう園見学」など、四代目社長金銅重行さんのワインに対する斬新な発想や強い情熱が伝わってくる。今年は創業八十五年を記念した行事も行われている。ワインは紫色のラベルにローマ字と日本語で名前が書いてある。ほとんど同じ落ち着いたぶどう色の背景に、両側にぶどうの房があるデザイン。よく見るとラベルの特徴は黄色のシンボル。「シャルドネ」は星、「メルロー」は三日月、「カベルネ・ソーヴィニヨン」は太陽。株式会社河内ワインの商品には「梅酒」もある。レトロなデザインのラベルの「エビス福梅」、「大黒福梅」、「弁天福梅」をはじめ九種類もある。さらにスパークリングタイプの梅酒も。

実はこのスパークリング梅酒がチョーヤの梅酒とともにG20の晩餐会で出された。河内ワインももちろん提供された。最近は梅酒もブーム。梅酒は果樹酒の範疇《はんちゅう》には入っている。どんな果実や種子でもワインを造ることもできる。アップルワイン、キウイワイン、バナナワインなどもある。株式会社河内ワインでは創業以来梅酒が造られてきた。レトロで懐かしいラベルのデザインからも判る。河内ワインでは日本ワインコンクールの受賞歴の賞状は見つけられなかった。賞を取っただけでは美味しいことを保証するものでもないが、クオリティーを示す指標にはなる国内国外のコンクール参加を期待したい。

五番目は株式会社ナチュラルファーム・グレープアンドワインで、柏原市の標高三〇〇メートルの高尾山にある。大阪全体を眺望できるミニゴルフ場の中にあるらしい。「天気が良い日に一度行ってみよう」などと書いていたところ、カタシモワイナリーの高井さんから記載が間違っていると指摘された。

高尾山のヒメヒコワイナリーまで歩いて行き、自分の目で確認することにした。大きな鳥居を目印にして向かった。鳥居を潜って真っすぐ進むと階段を上った所に鐸比古《ぬでひこ》鐸比賣《ぬでひめ》神社があった。格式は高い。ワイナリーの名前の由来の神社だ。右手の坂道を登るとすぐに左手に創造の森というハイキングコースがある。閉鎖中のヒメヒコワイナリー場所を目指した。ハイキングコースは整備されてはいるが厳しいコースだった。結局一キロメートルを過ぎた所で中断した。閉鎖中のヒメヒコワイナリーも確認できなかった。私が担いでいたリュックサックは七キログラムもあるし、革靴では歩きにくかった。

六番目に出てくる島之内フジマル醸造所は、大阪ワイン協会中で革命児。すでに紹介した『合本ワイン。』の日本で「ワインを造る人たち」四人の一番目に登場している。一八三ページの中で、四ページにもわたって大阪府中心にある島之内フジマル醸造所を紹介している。大阪の中心にワイナリーがあるなんて想像もつかない。ちなみに四人の「日本のワインを造る人たち」のほかの三名は、宮崎にある都農ワイナリーの赤尾誠二さん、長野県にある小布施ワイナリーの曽我彰彦さん、函館にある農楽蔵《のらくら》の佐々木賢・佳都子さんだ。

社長の藤丸智史さんのキャッチフレーズは「広大な土地がなくてもワイン造りができることを証明したい」だ。二番目に登場する赤尾さんの「地元の良質なぶどうで造らなければ、意味がない」は、ワインはぶどうが命だと多くのワインの解説書や私も強調していることのアンチテーゼ。大阪の中心でワイン醸造が可能であるのは事実。しかし最も重要なことは、「良いぶどうを得るためには柏原市のぶどう農家と共同しないと実現できない」こと。「ぶどう畑がなければ、最初から無理だと決めつけるな」ということを実践している人だ。彼の生き方は私の生き方に共通する。「結果を恐れずに、何でもやってみよう」の実行力だ。ここまでなるには多くの苦労があったと思う。藤丸さんにお会いして本人に直接聞いてみたいと思う。

二〇一九年二月中旬の火曜日に「春の会」と称して診療所のメンバー四人で島之内フジマル醸造所へ行った。目的は親睦だ。大阪地下鉄松屋町駅から徒歩三分と近い。もちろん島之内フジマル醸造所のワインとイタリアンを試してみたいからだ。シャイな私一人では大阪の真ん中でワインを飲めない。イタリアンフードとワインを試飲する目的を達するためにメンバーを巻き添えにした。看板は小さい文字で書いてあるので入り口は解りづらい。一階はワイナリー、二階はレストランでカウンターを除けばL字型の間取り。入って右の席は一角が十名くらいは入る。カウンター五席、机があるのは十席ほど。合計二十五名で満員となる。私の席からは吹き抜けの窓の階下に大樽が見えた。真っ白な壁にはサインがある。

第九章で書いたハンスらの一行と神楽坂の「ヴィヤンド」という名のフランス料理店でのサインが蘇った。甲州ワインの見学後の夕食会のことだ。ハンスの妻インガがメッセージを壁に書いてくれた。実はこのレストランは、私の三女の婿の弟がフランスで修行後に開店した美味しい店だ。

話は私たちの「春の会」にもどる。四人ともデキャンタでスパークリングワイン、白ワイン、赤ワインを次々にオーダーした。合わせる料理は前菜、パスタ、メイン料理。いつもの癖で料理の名前は記録してない。ワカサギ料理、パスタ、生ハム、チーズ、アヒージョだ。藤丸さんが「ビールのがぶ飲みのように、ワインも飲める」と書いていたことを実行した。

席からわずか一メートルしか離れていない樽から直接デキャンタに注ぐので、瓶詰めや運搬の費用をカットできる。すぐに飲めるので飲酒量が増加。自然に客の支払いも増え、レストランが儲かる仕組みになっている。江東区にある東京のレストランは、ホームページにワイン造り体験などのイベントもありワクワクする。

この四ページの内容を少しだけ紹介する。詳しいことは『合本　ワイン。』を購入して読んでいただきたい。藤丸さんはソムリエとして飲食業に在籍した後、ヨーロッパやオーストラリアのワイナリーを巡り、ニュージーランドではワイナリーでも働いた。二〇〇六年に大阪・日本橋にワインショップを開設。二〇一三年に島之内フジマル醸造所をオープンした。大阪府内四か所、東京都内一か所でも店舗を開設している実業家だ。海外で学んだ新しい着眼点で「日本人に美味しいワインを提供したい」という強い思いが伝わる。海外での情報や経験だけでは起業することは難しい。それなりの資金は必要。

藤丸さんは「ワイナリーというと、ぶどう畑に隣接しているイメージがありますが、その必要性を感じるのは、ぶどうを運ぶ時なんです。でも搬入作業って年十回程度。それなら必ずしも畑のそばでなくてもいい」と話している。ワイン造りには水を一滴も使わない。つまり他の酒のように「水の良し悪しは味に関係しない」。さらに「だったら僕らがお客さんに近づいていって、ぶどうに来てもらう。お客さんが行きやすい街中にワイナリーがあれば、ワインがもっと身近になるんじゃないかと考えたんです。大阪は農地の地代も高くて、畑のそばにワイナリーを建てられなかったという事情も。街中の賃貸物件でワインを造っちゃいけないという法はないと思いまして」と、なんとも柔軟な発想だ。中略。「君はどんなワインを造りたいのか？」と醸造家から尋ねられた。その時は答えに窮したと。今の自分ではいいものは造れない。ならばワインと消費者をつなぐ役目を、と考えて、二〇〇六年に帰国。小さなワインショップを始めた。商売は当たり、五つの店舗を持つまでになった。二〇一〇年、大阪の老舗のワイナリーから畑を借り、ぶどうの栽培から醸造まで手掛けることになったのだ。

しかしそこで目にしたのは、周りの畑で次々に切り倒されるぶどうの古木。後継者不足にあえぐ、農家の現状だった。ぶどう畑が宅地化されたことはすでに書いた。「ワインに携わる者として止めなければ、と真剣に思いました。ぶどう畑は一年でも放っておくとダメになる。でも樹を植えてから収穫までは四、五年はかかるんです」。畑に三年間通って農家の信用を得、放棄寸前の畑を次々と借り受けていった。さらに藤丸さんは言う。「農家の息子さんが会社を定年退職して農業を継いでくれる時が来たら、喜んで返します、僕はそれまでのつなぎ役。ただ、今はぶどうをそのまま売っていても農家はやっていけません。でもワインに加工して付加価値を高めて売れば経営は成り立ちます。目指すはあくまでもワインの世界の拡大。生産者と消費者、旧世代と次世代、それらをつなげるのが自分の役割」と壮大な展望だ。

カタシモワインのホームページで「河内ワイン」のネーミングの由来を見つけた。一九七六年に松竹の劇作家・土井幸雄先生がカタシモワイナリーに来た。大阪ワインに関心を持った土井先生は「河内ワイン」という題材で脚本を書かれ、一九七八年三月二日より大阪道頓堀中座にて主演・山城新伍、海原小浜、月亭可朝らのキャスティングで公演された。その際に「河内ワイン」という名のワインをカタシモワイナリーが販売したのが「河内ワイン」の起こりと書いてある。この公演が河内産ワインは大阪の人たちに認知されるようになった契機とされる。少し生意気だが『大阪ワイン物語』も河内産ワインの宣伝になればと強く願っている。

「河内」と名が付くワインは、カタシモワイナリーの「河内ワイン　レギュラー」「かたしも河内ワイン」のほかに、株式会社河内ワインによる「河内ワイン」や「河内葡萄酒」、飛鳥ワイン株式会社の「河内産ワイン」などがある。

ワインの商品名と会社の名前が同じ河内ワインというのが紛らわしい。すでに私は「河内ワイン」の名称問題の経緯と解決を、カタシモワイナリー社長高井利洋さんから明瞭な説明を聞いた。原因はフランスワインと違って、日本ワインの定義や大阪ワインの原産地呼称規制制度がないことが問題だった。つまり日本は無法治の国だった。「日本ワインとは何か？」の定義が最近までなされなかった。やっと現在は、日本ワインと称するには八十五パーセント以上日本産のぶどうを使用したワインでなければいけないことになった。つまり「大阪ワイン」と名前を付けるなら、大阪産のぶどうを八十五パーセント以上使用しなければならないと言う縛りを受ける。ワインが売れすぎるとぶどうが足らなくなって「大阪ワインの名称は使用できない」という大問題となる。しかし今のところその心配はないようだ。

七番目に登録されている寿屋清涼食品株式会社は、ホームページで「創業七十年の飲料水メーカー、自社で清涼飲料水の製造販売を行いながら、委託製造(OEM)にも力を入れております」と書かれている。本社は柏原市本郷にある。製品一覧からは一パーセント以下のアルコールを含むシャンメリー以外は販売していないようだ。

大阪ワインによる地域創生マスタープランを考えてみよう。大阪ワインは、少なくとも日本全国だけでなく国外の需要もターゲットとしなければならない。さらに洗練された地域活性化プロジェクトとして多くの住民を巻き込んで「おもろい」具体的な企画を実行しなければならない。日本全国の地方では地域再生にもがいている。大阪に限ったことではない。ふるさと納税も上手くいった自治体では笑いが止まらない。大阪のある自治体は地方交付税を減額された。私の愛する北海道八雲町ではふるさと納税による収入は三十六億円もある。この金額は、町の一般会計一四〇億円の二割以上もある。地域活性は公的資金(補助金)にだけ依存したのでは永続性が見込めない。最近始まった「八雲町ぶどう育成事業」のパートナーとして大阪ワインを紹介したい。すでに播州葡萄園の歴史で判明した真実は、経済活動は「民間」に任せることだ。明確なことは、「儲け」が出ないプロジェクトはいずれ消滅するということ。もちろん大阪人は「おもろいこと」が好きで、儲ける商才には長けているので心配していない。

近鉄安堂駅に近いカタシモワインから羽曳野の飛鳥ワイン株式会社、株式会社河内ワイン、仲村わいん工房までは直線距離で最大六キロメートルしか離れていない。私の構想は「大阪ワイン街道」。府道六十三号線でカタシモワイナリーから私の大学を経由して、竹内街道沿いにある河内ワイン、飛鳥ワイン、仲村わいん工房の四つのワイナリーを結んだ観光道路を造ることだ。初めの行動として、この道を「大阪ワイン街道」と名付けよう。第二にこの街道の沿線に花を植えたい。何かぶどうに関する植物が良い。例えば一部はぶどう樹。第三にこの「大阪ワイン街道」においてイベントを企画したい。例えばノルディック・ウォーキングだ。ゴールした参加賞には大阪ワインの小瓶をあげよう。

大阪ワインの活性化プロジェクトをまとめてみる。大阪道頓堀にぶどう樹によるアーチのある街並みづくり、柏原・羽曳野地区の古民家を活用した宿泊施設の運営、レストラン・飲食店の連携（和食・洋食・中華レストラン）、ワイナリー見学ツアー、大阪ワイン協会のホームページを読者ファーストにバージョンアップ、百舌鳥・古市古墳巡り（ボランティアと提携、学生、企業も参画）、玉手山古戦場めぐり、博物館巡り、ワイン街道の花いっぱい運動、ワイン街道でのノルディック・ウォーキングなどのイベント開催。

さまざまなイベントのプロジェクト遂行のために、具体的なロードマップを早急に策定する必要がある。マンパワーと資金源として、地域創生NPO法人または株式会社の設立と、クラウド・ファンディングやぶどう樹に寄付を募る「ぶどう樹オーナー制度」などによる資金調達も必要である。すでに飛鳥ワインでは会員を募集して体験型のワイン造りを行っている。大阪ワイン全体での企画を行う必要がある。「大阪ワイン街道」の命名には、柏原市・羽曳野市の合意が必要になる。

人口減少やぶどう畑放棄はネガティブなことだけではない。この現象は経営の大規模化には有利となる。私の故郷の米作りの現場で、同級生が二十ヘクタールもの水田を無償で借りて稲作に専従しているのを知った。彼には後継者もいる。ぶどう農家も後継者さえいれば、ぶどう園を廃業する農園を借りて大規模化することは可能だ。AIを利用した効率の高い生産を行えば事業としても収益性は期待できる。ワイン造りのためには、ぶどうの確保は大阪だけに限定しないで、十五パーセント未満なら山梨県や長野県などにもぶどう農家を確保する必要がある。国外のニュージーランドやオーストラリアのぶどう農家との提携も考えてもいい。

ぶどうに限らず、課題は別々に無関係に存在するわけではない。「自分に直結していることだけが安泰であればいい」という偏狭な思想が蔓延する限り、日本には未来はない。もちろん大阪ワインもだ。人類共通の問題をグローバルな観点から考えなければならない。

例えば地域創生は、ある特定の人だけに割り振られた課題ではない。私が留学した一九八五年三月末に、スウェーデンの医師やナースからの最初の質問は「人口を増やすためにはどうすればよいか?」だった。整形外科医の私に「なぜこんな質問をするのか?」と仰天した。当時の私には偏屈な考えしかなかった。一人の人間として、解決方法を積極的に提言するべきだった。何と答えたかは忘れた。もちろん男女がもっと長く過ごす時間をつくるとか、育児休暇を長くすると言ったかもしれない。移民を増やすべきと言ったかも。昨今推奨されている「男性が育児休暇を取るべき」と言った覚えはないし、今でも言えない。

大阪ワインを活性化させるには、例えば国内外への宣伝として、インスタ映えする画像も含めて情報発信を上手く行わなければならない。そうすれば日本だけでなく、世界のワイン愛飲家も大阪ワインに自然に集まってくるはずだ。「日本は安全でかつ安価な国」なのは周知の事実。そして何より人に優しい「おもてなし」の国なのだから。

第十四章　「シャトー・ラトゥール」との出会い

なぜ私は退官記念パーティーのプレゼントのワインを開けなかったのだろう？

私の退官は二〇一六年三月だった。それから約三年が経過した二〇一九年の正月のこと。大垣で開業されているF先生から退官記念にもらったマグナムボトルのワインのことを急に思い出した。国立大学が独立法人化されてからは「教官」の名称はなくなり「教員」となった。したがって正確には「退職記念」になる。それまでは私は二十四時間いつも、たとえ睡眠中でも国家公務員だった。ワインはしばらく冷蔵庫の野菜室に入っていたが、大きすぎて邪魔なので放り出された。その後、押し入れの奥深くにひっそり貯蔵してあった。

三女の婿の吉田クンならワインを理解していて正月中には飲めるだろうと思いついた。元旦にリボンの飾りがある紅色の包装を開けた。表には「無事ご退官おめでとうございます」と書いてある。ラベルは「グランド・ワイン・シャトー・ラトゥール（GRAND VIN CHATEAU LATOUR）1993」だ。裏のラベルを見ると二〇〇九年にボトルに詰められたことが解る。まさに渡辺順子著の『世界のビジネスエリートが身につける教養としてのワイン』の五大シャトーの項を読んでいたところだ。本にあるシャトーのラベルと照合した。全く同一だ。これが高級ワインの「シャトー・ラトゥール」か。その本の三十六ページにラトゥールをクリスティーズのオーナーが所有していたこともあり、テイスティングと称して、たびたびスタッフの一人としてラトゥールを飲みながら、彼女は贅沢にもランチをとっていたとある。残念なのは、この物語のどこにもワインの感想がないことだ。

なんという奇跡なのだろう。もらったワインがボルドー五大シャトーで、ランクが一級とは。私が数冊のワイン解説書で読んだ最高級ランクのワイン。どこかの学会で気づかずに一杯ぐらいは飲んだかもしれない。しかしラベルを確かめて、味わったことは記憶にない。実は私が『大阪ワイン物語』を書こうと思ったのは、このワインをもらってから四か月後のことだ。それまでは「大阪が日本一のぶどうの産地」であったことなど全く知らなかった。もちろん大阪ワインが存在することさえも。『大阪ワイン物語』を書くことで、この三年間は大阪ワインの歴史を探索でき、人間の創造力・深遠な文化・思考の多様性を楽しませてもらった。

この「シャトー・ラトゥール」のマグナムボトルの出現で、三年間のワイン研究のサイクルが繋がっていることに驚愕した。『大阪ワイン物語』はF先生に導かれてきた。ワインをくれた時にF先生は私に「ワインを勉強しろ」と言ったのかもしれない。あるいは寝る間も惜しんで論文を書くことばかり後輩に強要する私へ「人生を楽しみなさい」と言ったのかもしれない。単に「ワインを飲んで」かもしれない。

F先生は私より六年先輩で、大学院修了後にハーバード大学へ留学した秀才だ。しかもアメリカの一流雑誌『JBJS』に掲載された彼の軟骨の基礎論文は、約二十年前の検索時に論文の引用件数(サイテーション)が二〇〇〇を超えていた。日本の整形外科医としてはダトツにナンバーワンだった。

スウェーデンのルンド大学に留学中の八月末に三女の出産のために妻と一時帰国した時に、F先生の診療所でバイトをさせていただいた恩もある。さらに大学に勤務中の三十年間に数百万円もの研究費を寄附してもらった。心苦しいことにF先生の期待に応える役割を私は果たしていない。

「シャトー・ラトゥール」に相応《ふさわ》しい人たちと、今年三月十九日に試飲会の計画を立てた。会場はカタシモワイナリーの本社の古民家レストラン。参加する候補は大阪ワインのオーナー高井さんと、私の大学のワイン愛好家の江端さんや八田さんを主なメンバーとしよう。刺激的な会のタイトルも考えよう。しかし最終的には「シャトー・ラトゥールを飲む会」という月並みな名前になった。高井さんやマリオットホテルのKさんに自慢のワインも加えていただいて「大阪ワイン」も堪能しよう。そして密かに、私が「医師になって四十年の記念日」にしようと決めていた。しかし、お喋りな私は「記念会日」のことを不覚にも漏らしてしまった。

会のオーナーとしての私の要望は、「大阪ワインをどうしたら有名にできるか?」という問いを大学参加者に、「どうしたら大学は生き残れるか?」という問いを高井さんらのワイン関係者にお願いした。四時間にわたる「シャトー・ラトゥールを飲む会」は盛況に終わった。奈良の高名なソムリエ神崎庄一郎さんから「皇太子さま（＝現在の天皇陛下）のワインにまつわる秘話」を聞いた。もちろんワインを注いでもらった。どんなワインも神崎さんが注いでくれると驚くほど美味しくなった。

フランス料理は八尾市にあるフレンチレストラン「ボン・シーク」のシェフが出張してくれた。料理は地物の食材で香りと触感が絶妙だ。シェフはぶどう畑のオーナーでもあると。ボン・シークは一九八六年創業。まさにマリアージュの料理。今回はラトゥールの試飲会ということで味付けは少し控えめになっていた感じがした。本当はラトゥールの香りや繊細な味が料理を凌駕《りょうが》したのかも。保存状態を心配していたラトゥールは、まだ十分若々しい良好な状態だった。デキャンタする前のラトゥールのたとえが難しい複雑な香り、程よい酸味・渋みを感じた。一流のソムリエにかかると文字では説明しがたいほど味が変貌する。

ワインのことを想っていると、関連した記事が見つかるものだ。普通なら見過ごす二つの興味深い記事を紹介する。一つ目の記事は二〇一九年四月十七日の朝日新聞名古屋版の夕刊。「ブドウの革新3Kを超えて」跡継ぎ（3）柏原のぶどう農園「葡萄かねおく」の話。ぶどう造りは3Kの「きつい、汚い、カッコ悪い」。農業を絶対に継ぎたくなかった奥野成樹さんが、大手電機メーカーの社員をやめてブドウ農園を継いだ。主宰する「オクナリー」が紹介された。転機となったのは入社の前月の新任地福島での東日本大震災だ。そこで知り合った同年代の友人たちは、相次いで脱サラして福島復興のために起業。日本の果樹農家はこの十年で二割減少した。3Kの家業のことが浮かんで「自分しかできないことは家業を継いで、斜陽の一次産業を支えること」と一九〇三年創業の家業に戻った。二十八歳の時だ。現在も三十二歳と若い。奥野さんが提案したグランプリは「ぶどうの樹オーナー制度」だった。インターネットで出資を募るクラウド・ファンディングも、私が本書で提案したアイデアと全く一致している。

奥野さんが手にした資金の二八〇〇万円の何十倍、いや一〇〇倍ものファンドが大阪ワインの活性化には継続的に必要だ。お役所から奨励金などを得て行う地域活性化は、補助金の打ち切りとともに消える運命だ。地域活性化には地域住民が自主的に役割を担う横のつながりが必須だ。大阪ワインを活性化するために、ぶどう農家やワイナリーがつながるシステムを造ることに、私も尽力を惜しまないつもりだ。

二つ目は二〇一九年四月二十日付け朝日新聞「be」名古屋版の、ワインジャーナリストの鹿取みゆきさんの記事。長野県東御市のヴィラデストワイナリーの丘の上の落葉したぶどう畑を背景にした彼女の写真がある。タイトルは「日本のワインのつくり手と共に」だ。つくり手と消費者をつなぐ仕事をした。彼女は一九六〇年生まれ。現在信州大学特任教授や地域力創造アドバイザーなどをしている。彼女が書いた『日本ワインガイド』には原料ぶどう、畑の広さ、平均樹齢などが詳細に載っていると。日本のワイン生産は二三六〇万本で、フランスの約六十億本のワインのわずか〇・四パーセントにすぎない。彼女のフランスでの取材はワインの生産地、品種、製造法を定めるＡＯＰ（原産地呼称統制）が足かせになりつつあるという。伝統を守るだけでは継続できない、著しい気候変動にも対応できる品種を探さなければという危機感もある。日本のぶどう栽培は生食用が中心でワイン用品種が多くない。苗木の供給や品種・病気・ウイルス・栽培方法などを共有する場として「日本ワイン栽培協会」を活用したいと力強い。この記事には「味わいの向こうに栽培があり、人がいる」ことを想ってワインを飲む人は着実に増えている、とある。嬉しい意見。人を思いやる心が重要だ。私もそういう人間でありたいと思う。

あとがき

三年前に『大阪ワイン物語』を書こうと決意した時には、こんなに早く大阪ワインが世界に注目されるチャンスが来るとは思わなかった。出口の見えない、長くて暗いトンネルの中を手探りで進む覚悟がいると思っていた。ところが「大阪ワイン」が二〇一九年六月末に大阪で行われたG20首脳会議の晩餐会で提供された。大阪開催の地の利はあった。それでも素敵なサプライズだ。もちろん私の理論から言えば必然の結果だ。

この物語を書く動機は、日本全国民に、大阪には「大阪ワイン」があることを紹介したいことだった。傲慢にも私の個人的体験を通した『大阪ワイン物語』を書き上げることは、大阪ワインの宣伝ができて柏原市と羽曳野市の地域創生が可能になると考えていた。この本を出版することで地域創生プロジェクトは次のステップに移行できると思う。G20の栄誉は、ワインの造り手のぶどう農家とワイナリーの、汗と情熱に対する過分なご褒美だ。

「夢のような話。ワイン造りの長い歴史の中でも初めての出来事だ」とカタシモワイナリーの高井さんが声を弾ませたとニュースにも載った。カタシモワインはG20首脳に提供されたワインの一つに選ばれた。そしてグラッパも。さらに「大阪ワイン」の飛鳥ワイン、河内ワイン、仲村わいん工房のワインや梅酒も提供され、G20晩餐会のリストに載った。日本酒や焼酎なども多数が選ばれた。大阪ワインはブランドへ仲間入りした。チョーヤの梅酒も飛鳥ワインのスパークリング梅酒も選ばれた。

これだけワインの種類が多くなると、日本人は何を基準に飲み物を選ぶかに困ってしまう。乾杯するのは、「とりあえずビール」ではなくなった。日本人の多様性の幕開けになった。選ばれるワインの対象に大阪ワインは入った。ブランドのワインになれば、ぶどうの質と量に依存することになる。強敵はチリやフランスだけではない。日本国内にもある。先日訪れた鶴沼ワイナリーのぶどう畑は四五〇ヘクタールもある。したがって日本ワインも手ごわい相手だ。これからが「大阪ワイン」の正念場になる。美味しい「大阪ワイン」が日本のブランドとして定着することを心から願っている。

最後に、『大阪ワイン物語』の校正に優しく丁寧なご指導とアドバイスをいただいた文芸社の皆様に心より深謝いたします。

参考文献

1. 稲美町教育委員会『播州葡萄園百二十年史』
2. 内田宗治『外国人が見た日本』中公新書（二〇一八年）
3. 勝田政治『廃藩置県』岩波新書（二〇一七年）
4. 『安心院ワイナリー』JTBトラベルライフ（二〇一八年八‐九月号）
5. 『図説日本史通覧』帝国書院（二〇一四年）
6. 丸山真男『日本の思想』岩波新書（一九六一年）
7. 小寺正史『大阪府におけるブドウ栽培の歴史的変遷に関する研究』田中印刷（一九八六年）
8. 柏原市立歴史資料館編集『河内六寺の輝き』二〇〇七年
9. 芝蘭堂新元会図　www.wul.waseda.ac.jp/kosho/bunko08/b08_a0224
10. 広瀬隆『文明は長崎から』上・下　集英社（二〇一四年）
11. 長谷川幹『リハビリ』岩波新書（二〇一九年）
12. 長谷川幸治『よくわかる股関節の病気』名古屋大学出版会（二〇一三年）
13. 日本郵船歴史博物館　常設展示解説書　一～一三一ページ（二〇〇五年）
14. 渡辺順子『世界のビジネスエリートが身につける教養としてのワイン』一～二五五ページ　ダイヤモンド社（二一

〇一八年）
15. 青木圀雄『医外な物語』一三一～一三四ページ名古屋大学出版会（一九九〇年）
16. 門脇禎二、岡田精司、水野正好、白石太一郎、笠井敏光『再検討「河内王朝」論』一～一八五ページ　六興出版（一九八八年）
17. 老川慶喜『日本鉄道史　幕末・明治篇』一～二二七ページ　中公新書２２６９　中央公論新社（二〇一四年）
18. 城山三郎『冬の派閥』新潮文庫（一九八五年）
19. 柏原市立歴史資料館『柏原ぶどう物語』一～三十八ページ（二〇一一年）
20. 安丸良夫『神々の明治維新』岩波新書（一九七九年）
21. 桝谷政則監修『八尾・柏原の昭和』八十七ページ　樹林社（二〇一七年）
22. 山本博『歴史の中のワイン』文春新書（二〇一八年）
23. 後藤奈美『エヌリブ（ＮＲＩＢ）』酒類研究所広報雑誌（二〇一五年）
24. 『図説世界史通覧』帝国書院（二〇一六年）
25. 山本博文『明治の金勘定』洋泉社（二〇一七年）
26. 『dancyu 合本　ワイン。』プレジデント社（二〇一五年）
27. サン＝テグジュペリ著／河野万理子訳『星の王子さま』新潮文庫（二〇〇六年）
28. 「ブドウの革新３Ｋを超えて」跡継ぎ（３）柏原のぶどう農園「葡萄かねおく」二〇一九年四月一七日　朝日新聞名古屋版夕刊

29. 『カリフォルニア・ワイン王の道』朝日新聞「be」二〇一九年十一月二日　名古屋版
30. 井出勝茂監修『最新版ワイン完全バイブル』ナツメ社（二〇一二年）
31. 横手慎二『日露戦争史』中公新書（二〇〇五年）
32. 老川慶喜『日本鉄道史　幕末・明治編』中公新書（二〇一四年）
33. 山本義隆『近代日本一五〇年』岩波新書（二〇一八年）
34. 横山百合子『江戸東京の明治維新』岩波新書（二〇一八年）
35. 木村靖二・岸本美緒・小松久男監修『詳説世界史図録』山川出版社（二〇一四年）
36. 井上勝生『日本の歴史18　開国と幕末変革』講談社（二〇〇二年）
37. 竹内弘編集『改定　和合会史　尾張徳川家移住人の歴史』和合会（二〇一五年）
38. 『日本のワインのつくり手と共に』二〇一九年四月二〇日　朝日新聞「be」名古屋版
39. 特集「日本ワイン総選挙１１０人が選ぶ１６８本」二十二～七十九ページ　雑誌「ワイン王国」二〇一九年七月号　ワイン王国
40. 開拓使の葡萄酒および麦酒製造所の建築施設について
https://www.jstage.jst.go.jp/article/aija/65/535/7965_KJ00004224005/_pdf
41. 抗酸化機能分析研究センター
http://food-db.asahikawa-med.ac.jp/index.php?action=docu&id=40

42. 日本のワイン
https://www.kirin.co.jp/entertainment/museum/person/wine/06.html
43. ワインの国山梨　https://wine.or.jp/wine/enkakushi.html
44. 日本ワインの基礎知識　https://www.winery.or.jp/basic/knowledge/
45. 山梨の偉人たち　高野正成　file:///C:/Users/hasegawa/AppData/Local/Microsoft/Windows/INetCache/IE/5AI5XUF6/fureai_vol47_16-17.pdf
46. まるき葡萄酒創業者　土屋竜憲　http://marukiwine.co.jp/history.html
47. 大阪ワイナリー協会　https://www.osaka-winery.com/
48. 内田宗治『外国人がみた日本』中公新書（二〇一八年）
49. 刑部芳則『公家たちの幕末維新』中公新書（二〇一八年）
50. 世界の歴史編集委員会『新もう一度読む山川世界史』山川出版社（二〇一七年）
51. 遠藤周作『沈黙』新潮文庫（一九八一年）
52. 西川武臣『ペリー来航』中公新書（二〇一六年）
53. 杉山明日香『ワインの授業』中央精版印刷株式会社（二〇一五年）

著者プロフィール

長谷川 幸治（はせがわ ゆきはる）

整形外科医、医学博士、名誉医学博士。

1951年6月生まれ。愛知県出身。1978年名古屋大学医学部卒業。1985年スウェーデン・ルンド大学留学、東京厚生年金病院（現在JCHO）を経て1988年から2016年まで名古屋大学整形外科勤務。2014年名古屋大学大学院下肢関節再建学教授。2016年4月から関西福祉科学大学教授・付属診療院長。

専門は「高齢者運動機能評価と運動機能向上の研究」「股関節の骨切り術」。骨切り数約1500例は日本でトップクラス。2016年ルンド大学から学術貢献に対して名誉博士号を授与される。疫学研究フィールドは尾張藩入植地北海道八雲町と大阪府柏原市。趣味は旅行とスケッチ。

大阪ワイン物語

2020年3月15日　初版第1刷発行

著　者　長谷川 幸治
発行者　瓜谷 綱延
発行所　株式会社文芸社
〒160-0022 東京都新宿区新宿1－10－1
電話 03-5369-3060（代表）
03-5369-2299（販売）

印刷所　株式会社フクイン

ISBN978-4-286-21361-3